国家林业和草原局职业教育"十四五"规

园林设计初步

姚　岚　梁爱丽 ◎ 主编

中国林业出版社
China Forestry Publishing House

内 容 简 介

本教材以"立德树人"为根本，突破传统教材的知识灌输模式，构建"情景化+项目化+任务化"三位一体的教材体系，致力于培养兼具专业素养、工匠精神与创新意识的新时代园林设计师。教材主要包括以下6个项目：认识园林设计，感知园林设计之美，赏析园林设计造景手法，研习园林设计之构成方法，学习园林设计规范与制图表达，园林设计实操。

本教材可作为高等职业院校风景园林设计、园林技术、园林工程技术等专业的教材，也可作为相关专业技术人员的参考用书或培训用书。

图书在版编目（CIP）数据

园林设计初步 / 姚岚，梁爱丽主编. -- 北京 ： 中国林业出版社，2025. 8. --（国家林业和草原局职业教育"十四五"规划教材）. -- ISBN 978-7-5219-3280-5

Ⅰ. TU986.2

中国国家版本馆CIP数据核字第2025TQ4476号

策划、责任编辑：田　苗

封面设计：北京钧鼎文化传媒有限公司

出版发行：中国林业出版社

　　　　　（100009，北京市西城区刘海胡同 7 号，电话 010-83143557）

电子邮箱：jiaocaipublic@163.com

网　　址：https://www.cfph.net

印　　刷：北京盛通印刷股份有限公司

版　　次：2025 年 8 月第 1 版

印　　次：2025 年 8 月第 1 次印刷

开　　本：787mm×1092mm　1/16

印　　张：14.25

字　　数：324 千字

定　　价：68.00 元

数字资源

《园林设计初步》
编写人员

主　　编　姚　岚　梁爱丽

副 主 编　邹卫妍　胡洋萍　陈取英　毛仙玉

编写人员（按姓氏拼音排序）

毕　辉（广州大学市政技术学院）

陈取英（上海农林职业技术学院）

胡洋萍（湖北生态工程职业技术学院）

江　汇（广西建设职业技术学院）

李晨颖（苏州农业职业技术学院）

梁爱丽（广西生态工程职业技术学院）

梁　铮（苏州农业职业技术学院）

刘　婷（广西生态工程职业技术学院）

卢　亮（北京市园林古建设计研究院有限公司）

毛仙玉（苏州园科生态建设集团有限公司）

孙　瑜（苏州农业职业技术学院）

吴凡吉（苏州农业职业技术学院）

仵　朝（河南城乡园林景观规划设计有限公司）

姚　岚（苏州农业职业技术学院）

张仲昊（苏州园科生态建设集团有限公司）

朱方达（苏州农业职业技术学院）

邹卫妍（苏州农业职业技术学院）

前　言

在生态文明与美丽中国建设的浪潮中，园林已从单一的景观营造演变为融合生态修复、文化传承与功能创新的综合性学科。本教材以"立德树人"为根本，基于行业对"懂设计、会施工、能管理"的复合型人才需求，突破传统教材的知识灌输模式，构建"情景化+项目化+任务化"三位一体的教材体系，致力于培养兼具专业素养、工匠精神与创新意识的新时代园林设计师。

本教材具有以下三大特色。

第一，打造真实情景化教学场景，精准融入课程思政。每个教学单元包含项目导入、任务目标、任务描述、任务分析、知识准备、任务实施、考核评价等内容。每个项目均以真实场景切入，通过校园及城市生活等典型情境，将社会主义核心价值观、生态文明理念与专业知识有机融合，引导学生在掌握基础知识和技能的同时，深刻理解文化传承的时代使命，实现知识传授与价值引领的同频共振。

第二，契合学生认知成长规律，构建进阶式、项目化、图谱可视化课程体系。依据"认知→审美→实践"的认知规律，构建三大渐进模块——认知层（园林设计概述、设计规范基础）、审美层（空间韵律感知、园林文化解码）、实践层（构成方法训练、全流程设计实操），形成螺旋式上升的学习路径。特别设置"1+X"知识图谱，除了基础教学，还融入生态海绵城市等内容，形成"理论够用、实践突出、素养贯穿"的立体化内容体系，使教材既夯实了专业根基，又预留了发展接口，为后续专业课程铺设认知桥梁。

第三，紧扣职业院校学生特点，推行任务驱动式学习模式。项目细化为"调研诊断→分析讨论→方案比选→设计表达"分阶任务群，通过典型任务，引导学生以"准设计师"身份开展团队协作。创新评价体系，精准对标行业人才标准。

本教材由姚岚、梁爱丽任主编，邹卫妍、胡洋萍、陈取英、毛仙玉任副主编，具体分工如下。

前言、项目导入、统稿：姚岚。

项目1：任务1-1，江汇；任务1-2，李晨颖。

项目2：梁爱丽。

项目3：任务3-1，胡洋萍；任务3-2，刘婷；任务3-3，毕辉。

项目4：任务4-1、任务4-2，吴凡吉；任务4-3，朱方达。

项目5：陈取英、梁铮。

项目6：任务6-1，毛仙玉、张仲昊；任务6-2，邹卫妍、卢亮；任务6-3，邹卫妍、仵朝。

任务实施修订、全书校对：孙瑜。

　　本教材是集体智慧的结晶，感谢参与编写的企业专家、非遗匠人与院校同人。感谢苏州大学风景园林专业李晨锐同学，苏州农业职业技术学院与南京林业大学联合培养的樊蒙蒙、吴齐平等同学在教材编写中的特别贡献。

　　愿本教材成为学子开启园林之门的钥匙，在绘图笔的精准刻度与草图笔的自由挥洒间，培育出新一代既能描摹生态蓝图，又能传承文化基因的园林设计师。让我们共同期待，方寸图纸间的绿色构想，终将化作人与自然和谐共生的时代风景。

　　教材虽经反复推敲，仍难免存在不足之处，恳请广大师生指正。

编　者

2025 年 5 月

目录

前　言

项目 1　认识园林设计 ·························· 1

　　任务 1-1　了解园林 ························ 1

　　任务 1-2　了解园林设计的内容 ·············· 15

项目 2　感知园林设计之美 ···················· 29

　　任务 2-1　认识园林美及其特征 ·············· 29

　　任务 2-2　理解园林形式美法则 ·············· 40

项目 3　赏析园林设计造景手法 ················ 55

　　任务 3-1　分析园林立意与布局 ·············· 55

　　任务 3-2　学习园林空间的营造 ·············· 62

　　任务 3-3　学习园林造景的手法 ·············· 70

项目 4　研习园林设计之构成方法 ·············· 81

　　任务 4-1　平面造型感知与设计 ·············· 81

　　任务 4-2　色彩感知与设计 ················ 90

　　任务 4-3　立体造型感知与设计 ·············· 110

项目 5　学习园林设计规范与制图表达 ··········· 134

　　任务 5-1　认识园林设计规范 ··············· 134

　　任务 5-2　学习园林设计制图与表达 ··········· 142

项目 6 园林设计实操 ·· 169

　　任务 6-1　了解园林设计过程 ··· 169

　　任务 6-2　识读园林设计图册 ··· 185

　　任务 6-3　园林方案设计 ··· 194

参考文献 ·· 216

项目 **1**　认识园林设计

项目导入

从爱好到专业，景同学带着对新领域的未知和好奇开启了园林设计的学习旅途。在这场旅途的起点，林老师和景同学探讨园林的含义及学习的意义。从历史沿革到功能分类，"园林"不再是纸上单薄的词汇，而是无数岁月与文化的凝结，是扑面而来的历史画卷，是漂泊古韵的长梦归处。

在本项目中，景同学将走进历史的长河，并在林老师的引导下，学习园林需要掌握的知识类别，制订学习目标和计划；进一步感受中国古典园林传统文化的博大精深，以及园林专业的发展与学科特点。林老师希望景同学作为未来的一名园林设计师，不仅可以肩负弘扬中华优秀传统园林文化的重担，而且可以承担中华民族建设生态文明的时代责任，建立文化自信，守护绿水青山，勇担绿色使命，做社会需要的追梦者！

本项目包含2个任务：（1）了解园林；（2）了解园林设计的内容。

任务 1-1　了解园林

任务目标

【知识目标】

1. 掌握园林的相关概念及功能。

2. 理解园林历史与发展脉络。

3. 了解园林学科发展脉络及趋势。

【能力目标】

1. 能够规范地使用园林专业通用术语。

2. 能够描述中国古典园林和西方古典园林的历史发展脉络。

3. 能够绘制园林学科体系思维导图。

【素质目标】

1. 具备投身生态文明建设的责任感与使命感。

2. 了解并弘扬中华优秀传统文化，培养其爱国主义情怀，坚定道路自信、理论自信、制度自信、文化自信。

3. 培养美学素养和审美能力，树立对"真、善、美"的理想追求。

4. 热爱园林学科，具备钻研精神和创新意识。

任务描述

1. 理解园林设计的基本概念、功能与学科特点，并根据个人特点制订学习计划。

2. 自主学习中国四大名园，并在教师引导下深入理解传统园林的审美和价值观。

3. 通过绘制历史名园图纸，进一步学习传统园林的空间形制与布局方法。

任务分析

针对本次任务，首先需要结合实际案例，建立感性认识。通过研究专业背景知识，查找相关文献，让学生在讨论中进一步认知园林的概念。从时间、空间等维度出发，通过大量中外经典历史名园的案例串联，使学生能够描述中外园林历史发展脉络及特点。通过了解园林学科发展的历史背景和过程，逐步构建园林学科体系框架，培养学生对园林专业的学习兴趣，引导学生制订符合自身特点的学习计划，并通过自主学习环节，培养学生收集和查找资料的能力，以及养成自主开展专业学习的良好习惯。

📖 知识准备

1. 园林的含义与功能

1）园林的含义

园林，是人类社会发展到一定时期的产物，是人类由于对大自然的向往而创造出的美的自然环境和游憩境域。园林的概念随着社会历史和人类认识的发展而变化，不同的历史发展阶段有不同的内容和适用范围。在漫长的发展中，园林综合了诸多领域的知识内容，不断被赋予新的内涵。

建筑学家童寯（1900—1983年）在《江南园林志》中写道："园之布局，虽变幻无尽，而其最简单需要，实全含于'園'字之内。"造园学家陈植（1899—1989年）在《长物志校注》中描述："园林在建筑周围，布置景物，配植花木所构成的幽美环境，谓之'园林'。"陈从周的《说园》对园林这样定义："中国园林是由建筑、山水、花木等组合而成的一个综合艺术品，富有诗情画意。"

历史上，对于园林出现过多种不同称谓，如园、囿、苑、苑囿、园池、园庭、亭台、园亭、园池、别业、山庄等。在相关文献中的叫法也有很多种，如景观、景观建筑、园林、风景园林、景园、景观园林、造园等。英文中也有几个名称，如landscape、landscape architecture、garden、landscape gardening、garden and park。但相比之下，"园林"一词更为适用，为国内大众和专业机构所普遍接受。在1988年出版的《中国大百科全书·建筑·园林·城市规划卷》中，汪菊渊先生规范定义了"园林"一词："在一定的地域里运用工程技术和艺术手段，通过改造地形（或进一步筑山、叠石、理水）、种植树木花草、营造建筑和布置园路等途径创作而成的美的自然环境和游憩境域（图1-1）。"

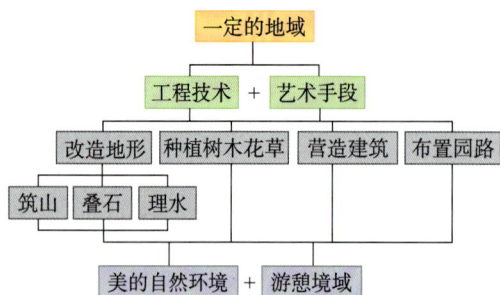

图1-1   园林的概念层次

2）园林的功能

随着全球环境问题日益严峻，人类越来越意识到园林对于城市建设的重要作用。园林已经成为生态文明建设的主要内容，不仅可以为人们提供游憩、休闲和娱乐的空间，还具有改善生态、美化环境和科普教育等作用，具有显著的社会效益和经济效益。作为开放的公共空间，园林主要有以下几种功能。

（1）生态功能

园林的生态功能主要体现在保护环境、减灾防灾和维持生物多样性等方面。植被的覆盖率是衡量一个城市环境优劣的标准，园林的建设可以提高城市的绿化面积，园林中的植被能够增加空气湿度、制造氧气、改善小气候，同时吸收有毒气体、净化水体、净化土壤、吸烟滞尘、降低噪声、减轻放射污染、分泌杀菌物质等。园林还具有防火抗震、防风固沙、涵养水源、保持水土等减灾防灾功能。有些树木的枝叶中含有大量水分，使空气湿度增大，且树脂较少，不易燃烧，阻燃性强。园林中使用这类树木造景可以起到减弱火势、抑制燃烧的作用。园林中的树木和草本植物的根系紧固表土，可以减少地表径流，降低雨水流速，具有防止水土流失的作用。当灾难来临时，城市中的园林还常常作为临时的避难场所。此外，园林中的植物和动物所形成的稳定的群落结构，对于维持生物多样性具有重要意义。

（2）游憩功能

游憩功能是园林最常见的使用功能。园林可以提供文化娱乐、休闲观赏、康体健身和科普教育等放松身心的活动场所，有益于促进社会交往和人们的身心健康。

①文化娱乐功能　如作为音乐、舞蹈、书画、摄影、艺术展览、露天舞会、戏剧表演、儿童游戏等活动的场所。

②休闲观赏功能　如展示各类自然风光和人造景观、季节性花卉、节庆主题景观等。

③康体健身功能　如作为日常锻炼、跑步、球类、棋牌、划船、钓鱼、溜冰等活动的场所。

④科普教育功能　园林是进行文化宣传、开展科普教育的场所，也是弘扬民族传统文化、加强爱国主义教育的阵地。特别是一些专类公园，如植物园、动物园、历史名园、烈士陵园等，具有重要的科普功能。

（3）美化功能

园林的美，体现在艺术化地再现了自然美，以及人在自然里的生活美。园林中既包含植物、动物、山水、建筑等景观要素构成的形式美，又包含了设计者创作思想以及欣赏者审美情趣两者相融合所体现出的意境美。对于城市建设而言，园林的美化功能对城市景观风貌常起到决定性作用。园林景观能够丰富城市建筑轮廓线，增强城市建筑艺术效果，丰富城市空间层次，提升城市整体形象。

（4）经济功能

园林有利于提高城市居住环境的舒适度，提高城市居民的生活质量。因此，园林建设是城市建设中不可或缺的重要组成部分。一方面，风景优美的自然风光、旅游景区、游乐园及休闲度假基地等，通常会以旅游消费或开发等形式产生直接的经济效益；另一方面，园林环境能够间接带动周围土地经济发展，拉动商业、房地产业及服务行业发展，从而产生可观的经济效益。

2. 园林历史与发展

1）世界三大园林体系

在世界范围内，园林经历数千年的发展，逐渐形成了东方园林、西方（西欧）园林和西亚（伊斯兰）园林这三大园林体系。由于历史背景和文化传统不同，三大体系的园林风格迥异、各具特色。

东方园林体系主要以中国园林为代表，影响到日本、朝鲜以及东南亚等国家。东方园林尊崇自然和谐之美，多以自然山水地貌作为构景要素，配以植物进行装点，讲究建筑美与自然美的融合，将营造意境作为重要美学追求。

西方园林体系主要以法国、意大利、英国为代表。西方造园中的建筑、草坪、树木无不讲究完整性和逻辑性，以几何形的组合达到数的和谐和完美。讲求的是一览无余，追求图案的美、人工的美、改造的美和征服的美，是一种开放式园林。

西亚园林体系是以伊拉克、伊朗为代表形成的伊斯兰教的特色园林，并影响到中东地区。西亚园林通常面积较小，建筑封闭，会将一块场地划分为4个正方形，以石块、水域和植物为基本素材，巧妙搭配，严密布局，营造出了使人赏心悦目的景观空间。

2）中国古典园林概述

中国园林的内容非常丰富，对东亚、南亚各国园林都有着深远的影响，堪称东方园林的代表。

（1）中国古典园林类型（图1-2）

①按占有者身份、隶属关系划分

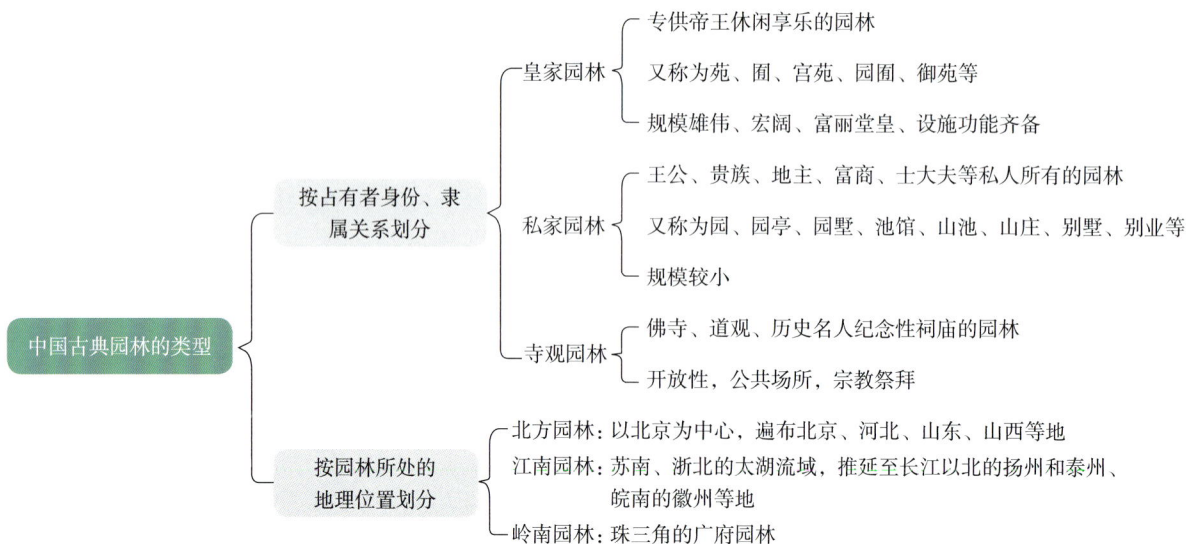

图1-2　中国古典园林类型

皇家园林：皇家园林在古籍中又称为苑、囿、宫苑、园囿、御苑，为中国园林的基本类型之一。中国自奴隶社会到封建社会连续几千年的漫长历史时期中，帝王君临天下、至高无上，皇权是绝对的权威。如果从公元前11世纪周文王修建的"灵囿"算起，到19世纪末慈禧太后重建清漪园为颐和园，中国皇家园林有3000多年的历史，可谓源远流长。在这漫长的历史时期中，几乎每个朝代都有宫苑的建置。

皇家园林是专供帝王休闲享乐的园林，是园林中的集大成者，其规模雄伟、宏阔，园内多为真山真水，园林建筑体型高大，色彩富丽堂皇，设施功能齐备。皇家园林的设计与建设突出帝王至上、皇权至尊，与皇家有关的一切政治仪典、起居规则、生活环境也渗透其中，表现出皇家气派。现存著名的皇家园林有北京颐和园和北海公园、河北承德避暑山庄。

颐和园整个园林艺术构思巧妙，在中外园林艺术史上地位显著，是举世罕见的园林艺术杰作。1961年3月4日，颐和园列入第一批全国重点文物保护单位，1998年11月列入《世界遗产名录》。2007年5月8日，颐和园经国家旅游局正式批准为国家AAAAA级旅游景区。2009年，颐和园入选中国世界纪录协会中国现存最大的皇家园林。

私家园林：私家园林在古籍中称为园、园亭、园墅、池馆、山池、山庄、别墅、别业等，是属于王公、贵族、地主、富商、士大夫等私人所有的园林。私家园林规模较小，一般只有几亩至十几亩，小者仅一亩半亩；大多以水面为中心，四周散布建筑，构成一个景点或几个景点；以修身养性、闲适自娱为园林主要功能；园主多是文人学士出身，能诗会画，清高风雅。现存的私家园林大多属于明清时代，主要集中在南京、苏州、无锡等地。例如，苏州的拙政园、留园、网师园和环秀山庄被称为苏州四大名园。

寺观园林：寺观园林指佛寺、道观、历史名人纪念性祠庙的园林，为中国园林的3种基本类型（寺观园林、皇家园林、私家园林）之一。寺观园林与皇家园林、私家园林相比，最大的特点在于它的开放性。作为一个公共场所和宗教祭拜的地方，寺观园林的建造既要符合宗教庄严肃穆的气氛，又要具有宗教和游赏功能。寺观园林一般来说都是和寺观连接在一起的，因此多建在郊区风景优美的地方。全国很多景致优美的地方，都有寺观园林兴建。常见的位置有4种：一是山峰的制高点，这些地方很少有人能够到达，想要进入必须经过艰难跋涉，也是出于对宗教神圣的崇拜；二是陡崖峭壁，营造出宗教神秘、肃静、庄严的境界；三是凹陷的山坳，依山傍水，景色清幽宁静；四是奇特的洞穴，营造一种神秘诡异、高深莫测的气氛。

②按园林所处的地理位置划分

北方园林：辽代以后北方一直是全国政治的重心，北方园林在总体构图风格上仍然体现了北方官式建筑的特点。其分布特点是以北京为中心，遍布北京、河北、山东、山西等地。

江南园林：江南地区（狭义的江南包括苏南、浙北的太湖流域，广义的江南进一步推延至长江以北的扬州和泰州、皖南的徽州等地）经济发达，自然条件优越，造园活动兴盛，留下的嘉园实例也较多。

岭南园林：岭南，主要是五岭以南，涉及广东、福建南部、广西东部及南部。清代，岭南的珠江三角洲地区经济比较发达，文化也繁荣起来，私家造园活动开始兴盛。岭南园林主要是指珠三角的广府园林，它是中国传统造园艺术的三大流派之一，在中国造园史上有着非常重要的意义。现存的清代岭南四大园林分别是顺德清晖园、番禺余荫山房、佛山梁园、东莞可园。

（2）中国古典园林分期（图1-3）

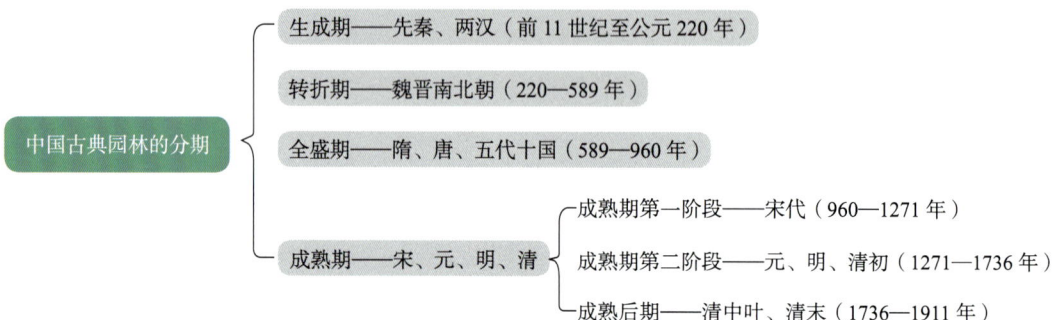

图 1-3   中国古典园林分期

①生成期——先秦、两汉（前11世纪至公元220年） 我国园林历史悠久，在最早的园林记载中，其形式是囿，也就是帝王田猎的花园。尽管先秦时期园林的建造不属于理性上的认知自然，但是这时期的园林却也具备了后世园林中的几个基本要素——山、水、石、植物和建筑，其布局也是后世园林的经典形式，即山水结合。

公元前221年，秦始皇攻灭六国，结束了战国混乱局面，建立中国历史上第一个中央集权的封建国家——秦王朝。秦始皇统一中国后，大兴土木，修长城、建阿房宫及通往全国各地的驰道，开南境之灵渠，沟通湘、珠二水。

秦亡汉兴，汉高祖刘邦建造了我国历史上闻名的汉长安城。汉代的建筑活动十分活跃。例如，首都长安、洛阳的建设，大量宫室、离宫、苑囿的兴造，长城防御体系的进一步延伸与完善，陵墓、坛庙的大规模营造等，其面广量大，前所未有，并形成了中国建筑发展史上的第一次高潮。

秦汉时期宫苑的设计和建设，都是以为皇家和最高封建统治集团服务为出发点的，宫殿建筑为主要组成部分。园林的功能由最早的狩猎、通神、求仙、生产为主，逐渐转化为后期的游憩与观赏为主。由于原始的山川崇拜与帝王的封禅活动，再加上"神仙思想"的影响，大自然在人们心目中尚保持一种浓重的神秘性。

②转折期——魏晋南北朝（220—589年） 魏晋南北朝时期，皇家园林的称谓除了沿袭宫、苑外，称"园"的比较多了。帝王宫苑仍然是园林的主导，在布局和使用内容上继承了秦汉苑囿的某些特点。园林的规模较秦汉苑囿稍有缩减，规划设计趋于精致，内容形式上更为丰富。此时筑山理水的技艺达到一定水准，亭开始引进宫苑，性质由驿站建筑转变为园林建筑。植物配置多为珍贵的品种，动物的放逐和圈养仍占有一定比重。同时增加了较多的自然色彩和写意成分，开始走向高雅。其显著特点是游娱性质更加突出，在某些苑囿中还专设供后妃游玩的场所。

魏晋南北朝时期私家园林（确切地说是别业、庄园）的发展进入中国园林史上第一个高潮。北魏都城洛阳内出现了大量的私家园林，而许多风景优美的城郊山林也成为文人士族建宅筑园的理想之地。在这一时期的私家园林中，山水、花木、楼榭已经成为造园的基本要素，与自然山水的进一步对话，使此时的园林自然气质更加浓郁。但在园林艺术方面还不够精细，比较粗放。皇家园林也开始受到民间私家园林的影响，南朝的个别御苑甚至由当时的著名文人经营；一些民间游憩活动也被引进宫廷（如"曲水流觞"）。

魏晋南北朝时期，随着宗教的发展，寺观园林也作为宗教建筑的一种存在形式大量修建。由于宗教的特殊性，寺观园林往往可以和皇家园林媲美，寺庙建筑也多带有皇家富丽堂皇的色彩。在这一时期，公共园林类型开始见于文献记载。例如，文人名流经常聚会的新亭、兰亭等一些近郊的风景游览地，具有公共园林性质。

③全盛期——隋、唐、五代十国（589—960年）　隋朝结束了动荡几百年的分裂局面，大一统促进了社会安定和经济发展。而到了唐代，人们安居乐业，出现了"大唐盛世"的景象。在经济方面，地主小农经济得到恢复；在政治方面，国家出现了大一统的局面。唐朝长安城当时人口有100多万，是世界上规模最大、经济最繁荣、布局最规范的城市之一。宫城位于皇城之北的城市中轴线北端，逐步突破市坊界限，保留汉代的昆明池，修整为城郊公共游览胜地。

隋唐时期的皇家园林多集中在长安和洛阳及其郊区。从园林性质来看，隋唐时期的皇家园林已形成大内御苑、行宫御苑、离宫御苑3个类别，它们各自的规划布局特点也比较突出。大内御苑一般紧邻宫廷区的后面或一侧，呈宫、苑分置的格局。宫与苑彼此穿插、延伸（宫廷区中有园林，苑林区内有宫殿的建置）。宫廷区的绿化种植很受重视，树种也是有选择的。宫城和皇城内广种松、柏、桃、柳、梧桐等树木。而行宫御苑和离宫御苑，绝大多数建置在郊外山岳风景优美的地带（如骊山、天台山、终南山）。这些宫苑都很重视建筑基址的选择，不仅保证了帝王避暑、消闲的生活享受，为他们创设了天人和谐的人居环境，同时也反映出在宫苑建设与风景建设相结合方面的高素质和高水准。例如，西苑、华清宫、九成宫等皇家园林都是具有划时代意义的园林作品。

唐代的山水文学兴盛，文人对山水风景的鉴赏有一定水平，代表人物有中唐的白居易、柳宗元、韩愈、元稹等。文人园林的历史可上溯到魏晋南北朝时期，到唐代已呈兴起状态。辋川别业、嵩山别业、庐山草堂、浣花溪草堂都是文人园林的典型代表。文人园林在造园技巧、手法上表现了园林与诗、画的沟通，在造园思想上融入了文人士大夫的独立人格、价值观念和审美观念。文人出身的官僚，不仅参与风景的开发、环境的绿化和美化，而且参与营造自己的私园，并把对人生哲理的体验、宦海浮沉的感慨注入造园艺术中。文人参与造园，意味着文人的造园思想（道）与工匠的造园技艺（器）开始有了初步结合。

④成熟期——宋、元、明、清

成熟期第一阶段——宋代（960—1271年）：宋代的园林是中国古典园林进入成熟期的第一个阶段。园林的内容和形式均趋于定型，造园的技术和艺术达到历来的最高水平，形成中国古典园林史上的一个高潮阶段。

上至帝王，下至庶民，大兴土木、广建园林。与此同时，宋代的城市商业和手工业空前繁荣，科学技术有了长足进步，为广泛兴造园林提供了技术上的保证。例如，中国的四大发明均完成于宋代。著名的《营造法式》和《木经》就是官方和民间对发达的建筑工程技术实践经验的理论总结。

宋代皇家园林艮岳位于北宋都城东京宫城的东北，是一座大型的人工园林，也是写意山水园林的杰作。它是根据宋代皇帝宋徽宗亲自构想的山水景色来建造的。其构图设计以山水画为蓝本，以情立意，以诗词为景观主题，形成一种独特的造园风格，开启了元、明、清皇家园林的新纪元。

成熟期第二阶段——元、明、清初（1271—1736年）：这个阶段造园活动大体上是第一阶段的延伸，也有发展和变异。元代民族矛盾尖锐；明初战乱刚刚平息，造园活动处于迟滞的低潮状态，永乐皇帝以后才呈现出活跃状态；直到明末和清初的康熙、雍正年间，园林发展达到了高潮。明代迁都北京，实行两京并立制。北京是在元大都的基础上建成的，整个宫城以"前朝后寝"的形制布局。皇家园林的整体规划和宫城的布局一致，以对称的手法突出中轴线。

成熟后期——清中叶、清末（1736—1911年）：清中叶至清末，中国古典园林步入技艺与文化交融的鼎盛阶段。乾隆时期皇家园林空前繁荣，圆明园、清漪园等巨制融汇南北风韵并首开中西合璧之风，突破游赏功能成为国家意识形态象征；私家园林呈南北交融之势，江南园林以"壶中天地"理念营造咫尺山林，北方宅园形成"前宅后园"格局，造园理论臻于完备；技术层面实现叠山理水、植物配置、建筑装修三大突破。至清末，园林功能扩展为市民文化消费场所，虽遭时代变革冲击，仍为现代园林留下"虽由人作，宛自天开"的核心理念与物质文化遗产。

宋、元、明、清4个时期虽然都不太长，却积淀了过去园林历史发展的深厚传统，成为中国古典园林发展历史上集大成的终结阶段。同时，成熟后期的中国古典园林也逐步呈现出停滞、盛极而衰的趋势。

3）西方古典园林概述（图1-4）

（1）古代园林（公元4世纪之前）

①古希腊园林   古希腊位于欧洲南部，地中海的东北部，包括今巴尔干半岛南部、小亚细亚半岛西岸和爱琴海中的许多小岛，是欧洲文明的发源地。据说公元前10世纪，希腊已有贵族花园。盲人作家荷马（Homer）的《荷马史诗》中讲道，园中种植有树木、花卉、果树、蔬菜、药草，以实用为主，也引溪水入园。古希腊园林由于受到当地自然条件和人文因素影响，出现了许多类型的艺术风格，大致可划分为庭院园林、圣林、公共园林和学园。古希腊园林艺术对后来欧洲园林产生了深远影响。

②古罗马园林   古罗马北起亚平宁山脉，南至意大利半岛南端，境内多丘陵山地，只在山峦间有少量平缓谷地。冬季温暖湿润，夏季闷热，而坡地凉爽。特殊的气候条件和地势对古罗马园林的布局风格产生了一定的影响。在文化方面，古罗马继承了古希腊的文化传统，着重发展了贵族庄园和贵族宅园这两类园林。庄园大多建在城市郊外依山临海的坡地上，将坡地辟成不同高程的台地，各层台地分别布置建筑、雕塑、喷泉、水池和树木等。庄园布局大多规则，树木修剪成各种几何形体。

（2）中世纪欧洲园林（5世纪后期至15世纪中期）

在1000多年的中世纪里，整个欧洲处于封建领主割据的混乱之中。这段时期，宗教世界观统治着一切，压制科学和理性思维以及人类正常的心理欲望，现实主义和科

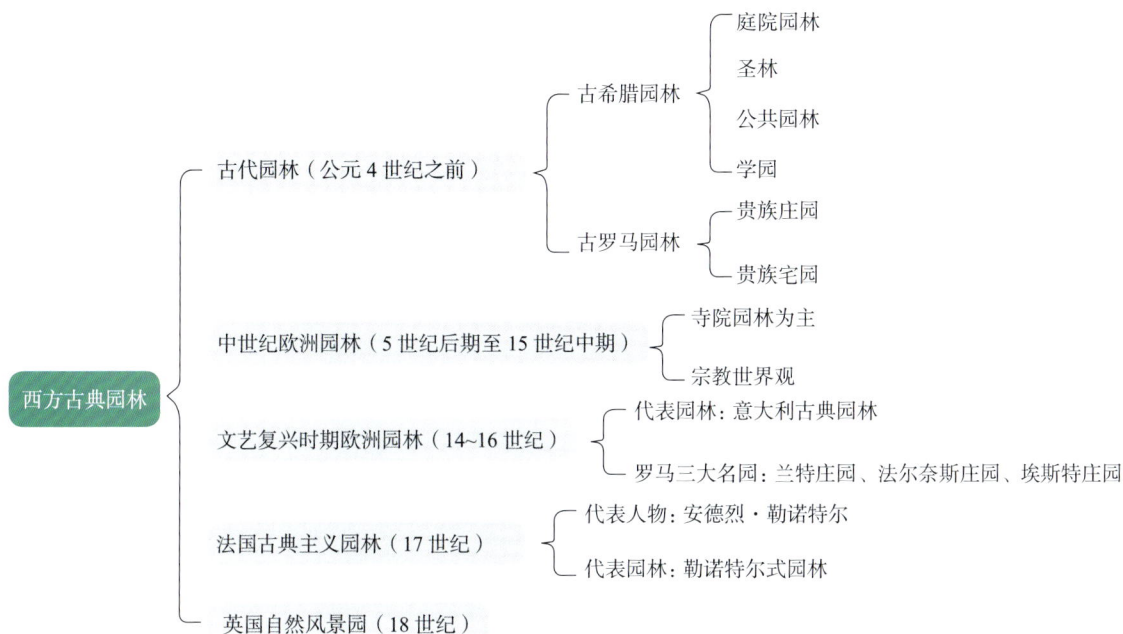

图 1-4　西方古典园林

学理性的古典文化被摧毁殆尽，因此被称为"黑暗时代"。与此相对应，这个时期的园林以寺院园林为主。

（3）文艺复兴时期欧洲园林（14~16世纪）

文艺复兴是指发生在14~16世纪的一场反映新兴资产阶级要求的欧洲思想文化运动。14世纪，随着资本主义的发展，城市工商业经济得到了迅速发展，新兴资产阶级提出了人文主义思想体系，重视人的价值，反对中世纪的禁欲主义和宗教神学，从而把科学知识从教会的桎梏中解放出来，推动科学、技术、文学和艺术的进步。

文艺复兴始于意大利，后发展到整个欧洲。意大利古典园林有着较高的艺术成就，对西方造园有着深远的影响。留存至今的代表作品包括罗马三大名园：兰特庄园（Villa Lante）、法尔奈斯庄园（Villa Farnese）、埃斯特庄园（Villa d'Este）。

（4）法国古典主义园林（17世纪）

17世纪下半叶，法国造园大师安德烈·勒诺特尔（André Le Nôtre）的作品使古典主义园林在法国得到了巨大的发展，也促使了风靡欧洲长达1个世纪的勒诺特尔园林风格的形成。

由于法国园林艺术在欧洲被称为古典主义园林艺术，因此，以法国的宫廷花园为代表的园林被称为勒诺特尔式园林。古典主义建筑的构图法则强调严格的对称和规则的几何构图，无论是平面还是立面都要突出中轴线，宫廷园林的建造也要服从这样的格律规范。勒诺特尔的代表作品有沃克斯·勒·维贡府邸花园、凡尔赛宫苑和枫丹白露城堡花园等。

（5）英国自然风景园（18世纪）

18世纪初，中国造园艺术通过旅行家和传教士的介绍传入英国，与当时在英国盛行的浪漫主义艺术思潮相呼应，促使英国自然风景园风格的形成。造园家威廉·肯特

（William Kent）完全摆脱了规则式园林的思维，是开创西方自然风景园林流派的创始人。他在其园林设计作品中大量运用了自然式手法，如河流和湖泊、起伏的草地、自然生长的树木，用树丛来代替绿雕形体，用平滑的弧线园路取代直线的大道。此外，还设计了中国式的叠石假山和山洞。

4）当代园林发展趋势

从历史发展可以看出，社会的经济、文化和技术的发展水平是园林发展的原动力。当前人类的生存环境正面临着前所未有的挑战，包括全球气候变化、水土资源开发带来的环境问题、空气和水体污染、生物多样性遭到破坏、城市公共卫生安全，以及城市文脉和文化活力的日益趋同等。人类的健康与自然环境息息相关，而园林是联系二者的纽带。园林作为外部环境的提供者，从古典园林原始的生产目的到追求视觉的景观之美和精神的寄托，再到提高社会环境效益，从关注个体心灵健康到社会环境健康，园林的内涵和外延都不断丰富。随着行业的不断发展，如今园林的视野和实践范围早已超越了庭园、花园和公园，扩大到关注整个自然生态系统与人类健康范畴。园林作为改善城市人居环境的主要手段，在优化自然环境、改善气候状况、提升公共卫生等方面扮演着重要角色，从改善人的生理、心理、社会关系到应对突发公共卫生事件，园林都发挥着重要的作用。园林的发展趋势包括以下3个方面。

（1）生态发展

节能、节水、低碳、抗污染等理论和技术将在园林领域中得到更广泛的应用，并将成为园林学科发展的重要方向。例如，低影响开发技术、水资源综合管理、海绵城市建设、清洁和可再生能源的利用、生物多样性恢复和湿地保护、棕地改造与利用、特殊生境绿化（如垂直绿化、屋顶绿化）等。

（2）文化传承

社会发展的多元化使各个地区有着不同的地域文化特点，如地理状况、气候条件、历史文脉、景观效果等。同时，一个地方园林景观的形成也会受到所在地域当时的社会背景、技术水平和文化传统的影响。因此，在园林的建设和发展中除了要考虑生态因素之外，还应注重结合本地区的地域文化特点，因地制宜，避免出现"千城一面"的同质化现象。

（3）以人为本

在社会生活中，人类重视一切与自身密切相关的事物。人性化设计是现代园林景观设计的重点要求。园林景观设计和建设要以人为本，将人类情感体验放在第一位，从使用者的角度出发，考虑人民群众的普遍需求，创造人性化的宜居空间。

3. 园林学科发展脉络

园林作为人类文明的重要载体，已持续存在数千年，而作为一门现代学科，却只有百余年时间。

园林学科发展的脉络可追溯至19世纪末20世纪初，是在古典造园基础上通过科学革命方式建立起来的新的学科范式。园林历经农业时代、工业时代，直到进入信息时代，其内涵和外延，以及研究和实践范畴都在不断发生变化，在承载人类文明、资源保护和人居环境营建中发挥着不可替代的作用。

1）园林学在中国的发展

在中国古代，园林的设计和营造主要是由文人、画家和匠师等负责，相关技艺的传授是由匠人师徒相承的。早在明代就已经有专业的园林匠师。明末著名造园家计成所著的《园冶》，是中国最早、最系统的造园著作，为后世的园林建造提供了理论框架以及可供模仿的范本。

近现代园林专业人才的培养始于20世纪20～30年代。刘敦桢、陈植、童寯、毛宗良等一批海外攻读建筑、造园、园艺专业的学者归国，在农林、建筑领域从事造园教育，推动了我国近代园林学科的发展。1951年在汪菊渊、吴良镛先生的倡议和梁思成先生的支持下，由北京农业大学园艺系和清华大学建筑系联合创办的"造园组"，被认为是我国园林学科教育的开端，也是北京林业大学园林学院的前身。1992年北京林业大学成立了我国第一个园林学院。我国的园林学科传承发展了中国古典园林文化与艺术特点，从1952年学科建立到2011年成为一级学科经历了一个漫长而曲折的过程。经过70多年的发展，中国的园林学科已经成为横跨工、农、理、文、管理学等多个领域，涵盖规划、设计、环境保护、人居环境、大地景观等多方面内容的综合性学科。

2）园林学在西方的发展

19世纪下半叶，美国规划师和风景园林师弗雷德里克·劳·奥姆斯特德（Frederick Law Olmsted）于1858年主持建设纽约中央公园时，提出了"风景园林师"的称谓，他拓展了传统园林学的学科范围，将其工作领域从庭院设计拓展到公园系统设计，乃至区域范围内的大地景观规划（图1-5）。

图1-5 纽约中央公园

1901年，美国哈佛大学创立了世界上第一个风景园林专业，第一次有了比较完备的专业教学课程表，开启了风景园林学科现代的系统性专业教育。随后，美国以及其他一些国家也相继设立了相应的专业系（科），如美国俄亥俄州立大学、马萨诸塞大学、纽约州立大学、伊利诺伊大学、宾夕法尼亚大学，丹麦皇家农业大学，波兰华沙农业大学，日本东京农业大学，加拿大多伦多大学，以及联邦德国的柏林技术大学等。1945年第二次世界大战结束后，世界范围内的园林事业发展迅速，推动了园林学科的不断进步，使得园林学科的社会影响力日益增强。1948年在英国剑桥大学成立了国际风景园林师联合会（International Federation of Landscape Architects，IFLA），它是国际性风景园林学术团体*。IFLA是受联合国教科文组织指导的国际风景园林行业影响力最大的国际学术组织，其总部设在法国凡尔赛，现有57个国家的风景园林学会是其会员。2005年中国风景园林学会正式加入IFLA，成为代表中国的国家会员。

4. 园林相关学科

园林学科是一门综合性应用型学科，其发展与建筑学、城乡规划学、生态学、艺术学等学科紧密相关。这些学科在理论与实践中相互交叉、协同创新，共同推动人居环境的优化与可持续发展。

1）建筑学

（1）学科定位与范畴

建筑学是研究建筑物及其群落设计、构造与艺术的学科，属于工学门类，横跨工程技术和人文艺术领域。传统建筑学的研究对象包括建筑物、建筑群、室内设计、园林设计及城乡规划，随着学科的细分，园林逐渐从建筑学中独立出来。建筑学以单体建筑为核心，注重功能与形式的统一，强调工程技术与人文艺术的结合，是园林学科的重要理论基础与实践支撑。

（2）与园林学科的交叉

建筑学与园林学科的交叉体现在多维度协同中：建筑学为园林空间营造提供单体建筑（如亭台楼阁、景观小品）的设计理论与方法论支撑，通过空间序列组织、功能布局协调及构造技术规范确保园林建筑与环境的和谐共生；在工程实践层面，园林施工需融合建筑学的材料力学、结构稳定性等工程原理，同时发展出假山堆叠、水景营造等特色工艺技术，形成兼具艺术表现力与工程可行性的建造体系；更深层次上，传统园林艺术的文化基因与哲学思想（如中国古典园林"天人合一"的造园理念、西方庄园的空间秩序美学）均根植于建筑学对空间形态与人文精神的系统研究，这种文化传承使园林成为承载人类文明记忆的物质载体。

---

* 1989年中国风景园林学会成立后，国内一些学者主张将Landscape Architecture一词译为"风景园林"。

2）城乡规划学

（1）学科定位与范畴

城乡规划学是研究城乡居民点空间布局、土地科学利用及人居环境改善的学科，属于工学门类。其核心任务是通过科学规划促进城乡经济社会的协调发展，涵盖城市总体规划、交通规划、产业布局及生态保护等内容。城乡规划以区域或城市为研究对象，注重社会经济因素与空间发展的平衡，是园林学科在宏观层面的重要协作领域。

（2）与园林学科的交叉

城乡规划通过编制城市绿地系统规划、乡村景观整治等专项规划，为园林建设确立区域生态安全格局与功能定位框架。园林设计则在此基础上对公园、绿道、广场等具体空间要素进行深化设计，运用生态修复技术、植物群落构建等手段实现蓝绿空间的功能植入与美学提升。同时，需充分考虑城乡规划中的人口密度分布、产业空间布局及社会公平诉求，通过空间可达性分析、公共服务设施配置等策略，在有限土地资源条件下达成生态效益、社会效益与景观价值的动态平衡，最终形成兼具弹性适应能力与人文关怀的城乡人居环境。

3）风景园林

（1）学科定位与范畴

风景园林是规划、设计、保护与管理户外自然与人工境域的学科，属于工学门类。其核心使命是协调人与自然的关系，研究范围涵盖城市绿地系统、风景区规划、生态环境修复及文化遗产保护等领域。

（2）与建筑学、城乡规划学的协同

风景园林学与建筑学、城乡规划学的协同发展体现为多维度、多层次的深度融合。在空间营造层面，三者形成"建筑单体–景观基底–城市框架"的互构关系，建筑学聚焦空间形态与功能细节设计，城乡规划学确立区域发展格局与生态安全底线，风景园林学则通过景观廊道衔接、公共空间织补等策略实现宏观蓝图与微观体验的贯通；在理论支撑层面，风景园林学充分融合生态学的生物多样性保护原理、艺术学的景观美学范式、社会学的环境行为理论，构建起既涵盖生态系统服务功能又承载人文精神价值的复合型知识体系；在技术实践层面，依托风景园林信息模型（LIM）、建筑信息模型（BIM）、地理信息系统（GIS）等技术集成，以及透水铺装、GRC塑石等新型材料工艺，推动园林项目实现全生命周期数字化管控与低碳化建造，最终形成兼具生态韧性、艺术感染力与社会包容性的现代人居环境解决方案。

4）与其他相关学科的协同作用

园林学科的发展深刻体现了多学科协同创新的特征：在生态维度，通过引入生态修复技术应对城市热岛效应、水体污染等环境问题，结合"3S"（RS、GIS、GPS）技术实现景观生态格局的精准监测与动态优化；在艺术维度，运用色彩构成、空间序列等手法构建功能与美学统一的景观载体，同时挖掘中国古典园林"借景""移步换景"等传统智慧，结合现代审美需求塑造地域文化标识；在社会维度，基于环境行为学研

究设计无障碍设施、儿童友好型活动场地，并通过可达性分析与包容性布局确保园林资源公平惠及老年人、残障人士等多元群体，最终形成生态韧性、艺术感染力与社会公平性有机融合的现代人居环境解决方案。

🍃 任务实施

1. 课堂小组讨论

①请围绕"园林的功能以及学科特点"开展讨论和发言（以小组的形式完成，每3~4名同学为一组）。

②请每位同学根据所学内容绘制出园林学科知识结构的思维导图，并填写表1-1，制订自己的园林专业学习计划。

表 1-1　课程学习计划表

序号	专业内容	开始时间	完成时间	完成效果	掌握技能

2. 经典园林认知

请以小组为单位（每3~4名同学为一组），对颐和园进行品赏并讨论。

①各小组分工查阅书籍等资源，结合颐和园地理位置、建园历史，对颐和园总体布局、主要景点、主要建筑等进行品赏与学习，填写表1-2。

表 1-2　任务分工

小组名称		认知主题		负责人	
任务分工		成员		任务	

②各小组进行内部交流，并协作完成PPT，选择一名代表进行汇报。汇报内容主要是对颐和园的自然地理、历史人文、造园艺术等进行总结，要求图文并茂，PPT不少于6页。

3. 名园风景速写

选取苏州四大名园之一，对其园林景观进行认知，选取你最喜爱的景点进行风景画绘制。

要求：图纸大小为A4，表现方式不限。风景画需配上简短的文字描述作为对景点的解读。

🍃 考核评价

姓名		任务内容	了解园林							
序号	考核项目	考核内容	等级				分值			
			A	B	C	D	A	B	C	D
1	学习态度	课堂互动积极、态度认真、善于思考	好	较好	一般	较差	10	8	6	4
2	内容过程	制订学习计划；清晰描述园林概念及功能，用简单文字叙述园林史发展脉络；与小组成员协作完成经典园林的认知，并绘制风景画	好	较好	一般	较差	20	16	12	8
3	综合能力	语言表达清晰流畅，内容描述逻辑清晰、重点突出，与小组成员配合默契	好	较好	一般	较差	30	25	15	10
4	学习成果	学习目标制定具体且有可行性，思维导图绘制正确，对经典园林认知深刻，风景画绘制效果良好	好	较好	一般	较差	25	20	15	8
5	能力创新	能灵活运用所学知识，完善自身知识体系	好	较好	一般	较差	15	10	8	4
合计得分										

任务 1-2　了解园林设计的内容

任务目标

【知识目标】

1. 熟悉当代园林设计大师的作品。

2. 熟练掌握园林设计内容。

3. 掌握园林设计所需专业知识构架体系。

【能力目标】

1. 能够将对当代设计师的理解运用到实际的景观项目中。

2. 能够熟练应用地形、水体、园路和广场、植物、假山置石、园林建筑等基本园林设计要素。

3. 能够将美学基础、自然科学、规划设计、工程结构、历史学和社会学相关知识熟练地运用到园林设计的每个环节。

【素质目标】

1. 培养获取信息、分析及借鉴的基本能力。

2. 培养解决问题和动手操作的基本能力。

3. 培养语言表达、团结协作、社会交往等综合职业素养。

4. 培养尊重自然、顺应自然、保护自然的意识。

5. 激发对于园林行业的热爱，让园林融入学习与实践之中，把建设人与自然和谐共生作为设计师的目标。

任务描述

1. 园林大师作品解读。要求对园林大师的设计思想、作品系列有一个总体了解，尽可能使用图表形式概括性阐述。

2. 每位园林大师选取2个园林设计代表作品，通过提前查阅资料了解设计内容，最后从设计作品的总体特点、设计要素，以及建成后的使用评价等方面做具体的阐述，要求图文并茂。

3. 绘制园林设计所需专业知识构架体系的思维导图。

任务分析

针对本次任务，首先需要掌握正确的资料收集方法，进行大量的调研工作，深刻研究背景知识，收集园林设计师代表作品中地形、水体、园路和广场、植物、假山置石、园林建筑等设计内容。然后归纳景观设计的场地背景、设计理念、方案设计、植物配置等。学会从具象的设计作品中分析各内容之间的关联性，通过整理分析提炼园林设计思维线索。最后结合所学的专业知识完成园林设计专业知识构架体系思维导图的绘制。

🌿 知识准备

1. 园林设计师的责任

以社会主义核心价值观为指导，即富强、民主、文明、和谐、自由、平等、公正、法治、爱国、敬业、诚信、友善，树立爱岗敬业、诚实守信、办事公道、服务群众、奉献社会的职业道德观，具有强烈的为人民服务的意识是成为一名园林设计师的前提条件。园林设计师是具备美学基础、自然科学、规划设计、工程结构、历史学、社会学等相关知识的专业人才，专门从事公园绿地、生产绿地、防护绿地、附属绿地和其他绿地等园林绿地的规划、设计、施工、养护、管理等工作的专业技术人员。

人们对城市绿地需求的不断提升和国家可持续发展战略的提出，赋予了当代园林设计师新的使命和要求，具体包括以下几个方面。

（1）跟随科技进步

科技是21世纪中国的第一生产力，企业想要保持持续性竞争力，就需要不断地以创新为引领。在科技发展的大背景之下，景观设计领域的科技景观概念应运而生。科技景观不仅是一种户外装饰产品，更是一种特殊景观，为人与人之间的沟通交流搭建了平台。比较常见的科技景观类型有声音景观、光影景观、雾景观、感应景观。在景观设计中融入科技体验感，能够增强景观的趣味性，也能够给人们营造一个可以互动的空间，让人们都能够参与到这一景观中去，多与他人进行沟通交流。科技景观虽然起步较晚，但是园林设计师在科技推动发展中依旧承担了巨大的社会责任。

（2）弘扬传统文化

在当前经济全球化发展的环境下，设计同质化问题不断出现。现阶段，我国中心城市地区已经迈入工业化信息时代，而乡村则处于工业化改造时代，社会文化发展程度的偏差造成社会文化的偏差和分布不均，如何在当今的景观设计中融入传统的文化内涵和弘扬文化理念是园林设计师应该思考的问题。与此同时，本土文化和外来文化的相互碰撞，形成了本土传统设计文化与外来设计文化、现代设计文化与后现代设计文化思潮并存的格局，对于当代园林设计师来说也是一种挑战。

（3）重视环境可持续发展

随着人类现代化进程的加快，经济的高速粗放型发展对城市自然生态环境产生直接或间接的不良影响，由此造成的损害也会在一定程度上阻碍城市的发展进程，提高城市的自然生态环境可持续发展水平在其未来发展中有着至关重要的作用。在当前背景之下，园林设计师在进行景观设计时应该把环境保护放在首要地位，在尊重场地原有地形地貌、环境的基础上，尽可能减少对原有生境的破坏，坚持将生态可持续发展作为设计的第一要义。不以牺牲生态环境和大推大改为指导理念，践行"绿水青山就是金山银山"的理念，承担起人与自然和谐共生的新时代园林设计师的社会责任。

2. 园林设计的内容

1）地形

园林设计师为了满足人们多样化的需求会通过对各种景观设计要素的创造和改变形成不同的景观效果。地形作为园林设计中基础的设计要素，是进行户外场地景观设计的基础，不同的地形会影响绿地内部的园路组织、景观分区、空间变化等。

（1）地形的类型

①平坦地形　地面在视觉上与水平面大致平行（图1-6）。实际上地形不可能处于绝对的水平状态。这是因为所有地面都有不同程度甚至难以察觉的坡度，即使有微小的坡度或轻微的起伏也属于平坦地形的范畴。

②凸地形　是一种具有动态感和行进感的地形（图1-7）。凸地形的表现形式有土丘、丘陵、山峦以及小山峰。凸地形本身是一负空间，它建立了空间范围的边界。凸地形的坡面和顶部限制了空间，控制了周围的视线。对于建筑设计来说，凸地形是最佳的建筑场所。

③山脊　山脊是与凸地形类似的一种地形。脊地总体上呈线状，与凸地形相比，

图1-6 平坦地形

图1-7 凸地形

图1-8 山脊

图1-9 谷地

其形状更紧凑、更集中（图1-8）。脊地的独特之处在于它具有导向性和动势感。因此，在景观中，脊地可被用来转换视线在一系列空间中的位置，或是将视线引向某一特殊的视觉焦点。另外，其在园林景观设计中还具有视野开阔以及排水效果好的优势。

④凹地形 凹地形是一个具有内向性和不受外界干扰的空间。凹地形因具有封闭性和内倾性，非常适合露天剧场的设计。但是凹地形因内部的地势较低，如果在潮湿多雨的地区，很难进行排水，场地内部也会因为通风效果差，导致湿度较大。

⑤谷地 谷地综合了凹地形和山脊的一些特点。谷地与凹地形相似，但是呈线状，具有方向性（图1-9）。

（2）地形的功能

①分隔空间 可以利用地形创造和限制外部空间。空间的底面范围、封闭斜坡的坡度以及地平轮廓线3个因素在空间分隔时起着关键性作用。

②控制视线 利用地形的高低变化可以控制人们的视线走向。地形也可以用来强调焦点事物，将其放置在地势高处，即使距离较远也可以被看到。

③改善小气候 地形的起伏变化可影响园林工程某一区域的光照、温度、风速和湿度等。从采光方面来说，朝南的坡面一年中大部分时间较温暖宜人。从风的角度而言，凸地形、山脊等可以阻挡刮向某一场所的冬季寒风；反之，地形也可被用来收集和引导夏季风，以改变局部小气候。

④美学功能 地形可作为园林工程的布局要素。在大多数情况下，土壤是一种可塑性物质，能被塑造成具有各种特性、美学价值的实体和虚体。另外，地形有许多潜

在的视觉特性，将地形设计得柔和、自然、美观，便能轻易地捕捉人们的视线，并使其承载其他园林要素。

2）水体

水是自然界中最壮观、最活泼的因素之一。在园林设计中，水体是不可缺少的景观要素。水可以构成多姿多彩的园林景观，艺术地再现自然。以水造景，动静相生，虚实相映，形影相依，层次丰富，可产生特殊的艺术效果和魅力。

（1）水体的类型

自然界中有江河、湖泊、瀑布、溪流和涌泉等自然水体。园林水景设计既要师法自然，又要不断创新。园林设计中，水景按照水体的状态可以分为静态水景和动态水景。

①静态水景 静态水景是指平静的水体，常以湖、塘、池等形式出现。静水营造的是一种静谧安详的气氛，是适于人们思考、静坐的场所（图1-10至图1-13）。

②动态水景 动态水景是指流动、跌落、喷涌状态的水体，它给人以变幻多彩、明快、轻松之感，主要有流动的、跌落的和喷涌的等基本形式（图1-14、图1-15）。

（2）水体的功能

①供水、灌溉 水是人与动物赖以生存的基础。公园等景观地带，只要有人活动，就存在水的消耗。因此对水体的设计，也就成为设计关键。水具有的使用功能是灌溉农田、绿地等，使植物生长健壮繁茂。

图 1-10　杭州西湖

图 1-11　北京颐和园昆明湖

图 1-12　杭州花港观鱼

图 1-13　杭州雷峰夕照

图1-14　巴黎协和广场喷泉

图1-15　芝加哥白金汉喷泉

②调节气候　水可以调节空气温度和湿度。大面积的水域能够影响其周围环境的空气温度和湿度，达到冬暖夏凉的效果。

③减弱噪声　水的流动产生各种声响。利用瀑布、喷泉或流水的声响来减少噪声的干扰，在城市嘈杂的环境中，形成一个相对宁静的气氛。

④娱乐休闲　湖泊、河流等水体可以为人们提供户外娱乐方式，如游泳、划船、垂钓等。

⑤风景价值　水是多姿多彩的，或静止、或流动。静水映射周围环境形成倒影，给人静谧、幽深的感受；动水或喷涌或奔腾，令人欢快兴奋。

3）园路和广场

园林道路和广场是园林的重要组成部分，道路相当于园林的脉络，广场可以认为是道路的扩大部分，相当于园林的心脏，其规划布局必须在满足区域使用功能要求的同时与周围环境相协调，才能更好地体现整个园林的功能与价值。

（1）园路和广场的类型

①园路的类型　按照园路的性质可以分为主要道路、次要道路和游憩小路；按照路面铺装材料可以分为整体路面、块料路面、简易路面。

②广场的类型　根据广场的性质和使用功能可以分为交通集散广场、游憩活动广场、生产管理广场。

（2）园路和广场的功能

①组织空间构成景色　中国传统园林以"道莫便于捷，而妙于迂"等理念，道出了园林道路在有限的空间内忌直求曲、以曲为妙，使其与园林植物、建筑、山水等构成各种富于变化的美景，实现其既是路也是景的效果，通过有意识地布局，使整个园林能够有层次、有节奏地展开，使游人充分体验到园林的艺术美。

②引导游览　从古至今，无论园林大小，都要将其划分为若干景区，设置多个景点，布置多种景物，然后用园路将其连接在一起，最终构成一个布局严谨、景象鲜明、具有节奏和韵律的园林空间。因此，园林内曲折的园路是经过精心设计并合理安排的，要通过路边花、树、草等的引导，将游客输送到各个景区各个景点，从而充分体验园林的整体风貌。

③组织交通 园路的首要任务是对游客的集散、疏导，同时还要满足园林绿化、建筑维护、景观养护以及安全防护工作的运输要求，可以说园路决定着整个园林的交通组织功能。

④休闲娱乐 广场可以为游人提供休闲娱乐的场所。在公园内的影院、剧场等大型文娱活动广场，必须首先具备短时间内观众进出场的高密度人流集散功能，因此要求广场具有足够的容纳空间。

4）植物

园林设计中的植物是指适用于园林绿化的植物材料，包括木本和草本的观姿、观花、观叶或观果等植物，以及适用于公园、绿地和风景名胜区的防护植物与经济植物。室内花卉装饰用的植物也属于园林植物。园林植物分为木本园林植物和草本园林植物两大类。

（1）植物种植的类型

①规则式种植 规则式园林又称为整形式、几何式、对称式园林，植物配置主要使用绿篱、模纹花坛、整形树木、整形草坪等，采取中轴对称式、行列等距种植，形状规整，在构图上呈几何形，表现出整齐、严谨、庄重和人为控制下的几何图案美。

规则式种植主要用于西方园林设计中，主要以平整的草坪、花坛（包括模纹花坛）、绿篱及绿墙、行道树、树阵来表现。规则式种植主要用于公园轴线绿化、人行道绿化、树阵广场等（图1-16）。

图1-16 规则式种植

②自然式种植 自然式园林又称为风景式、不规则式、山水派园林等。与规则式相比，植物种植不成行列式，无固定的株行距，以孤植、丛植、组团式种植为主，特别是地被以自然生长、无人工造型的形态，展现植物群落的自然之美。

自然式种植主要用于中国传统园林设计中。中国传统园林讲究步移景异，选择植物注重姿态美、色彩美、味香，展现植物的自然风韵。在景观布局上，没有明显

图1-17   自然式种植

的轴线，以错落有致、自然曲折的方式营造宁静致远、曲径通幽、生动活泼的多样景观空间。自然式种植主要以自然花境和自然植物组团来表现。自然花境较多地运用于溪边等可亲可达之处，自然植物组团较多运用于房前屋后作为遮挡、屏障（图1-17）。

③混合式种植   混合式种植既有规则式，又有自然式，吸取了规则式和自然式这两种种植形式的优点。既有整洁大方、色彩明快的整体效果，又有丰富多彩、变化无穷的自然美景，展现出了植物的人工美和自然美。

混合式种植要根据造景效果确定规则式和自然式的不同比重，营造规整端直、自然灵活的景观。在现代植物造景中，混合式种植可运用于多种场地，包括公园、居住区、医院、道路等。

（2）植物的功能

①保护生态环境，促进可持续发展   植物在保护城市小气候和保持水土等方面扮演着重要的角色，有利于进一步保护生态环境，促进可持续发展。

②创造多样化空间格局   植物可以分为乔木、灌木、草本植物、地被植物、水生植物等。不同的植物类型在空间上相互组合搭配有利于形成多样化的空间格局，使园林景观更具有趣味性和游览性。

③塑造园林主景、背景和季相景观   植物材料可作为主景，创造出各种主题的植物景观。植物还可以作为背景，但应根据前景的尺度、形式、质感和色彩决定背景植物材料的高度、宽度、种类和栽植密度，以确保前后景之间的整体性，同时又有一定的对比。季相景色是植物材料随季节变化而产生的暂时性景色，具有周期性。利用植物季相的周期性，处理好季节景色与背景之间的关系，使季季有景可观。

5）假山置石

假山置石作为中国古典园林中最具有代表性的造园要素，其设计源于对中国广阔自然地貌的提炼和再创造。假山置石萌芽于公元前11世纪，在秦汉时期开始模仿自然山体形态，逐渐成形；魏晋南北朝文人雅士受到老庄思想的影响，园林置石取得了进一步的发展；唐宋时期社会经济的空前发展促进了园林假山置石的兴盛；明清时期出现了大量专业造园工匠，张南阳、张南垣、戈裕良等均是当时著名的叠山置石大师。

图1-18　太湖石假山

图1-19　黄石假山

（1）假山置石的类型

常用的园林山石材料有太湖石、黄石、青石、剑石、灵璧石以及以混凝土为代表的人工山石材料（图1-18、图1-19）。

①太湖石　又名窟窿石、假山石，是石灰岩遭到长时间侵蚀后慢慢形成的，分为水石和干石两种。水石是在河湖中经水波荡涤，历久侵蚀而缓慢形成的；干石则是地质时期的石灰石在酸性红壤的历久侵蚀下而形成。形状各异、姿态万千、通灵剔透的太湖石，最能体现"皱、漏、瘦、透"之美，其色泽以白色为多，少有青黑色、黄色。

②黄石　黄石在全国山区皆产，江苏、湖北为多。黄石石质坚硬，石纹古拙，选小块用来制作盆景，可用于表现赤壁等特定的环境。

③青石　青石产于山东、四川、湖北等地。青石是比较环保的石材之一，一般在园林中常用的样式有仿古面青石板、自然面青石板、荔枝面青石板、哑光面青石板、剁斧面石板、錾道面青石板、菠萝面青石板、满天星青石板等，这些青石板的颜色、外观、质地、重量、硬度、强度等不同，具有自己的特征。我国古典园林常常根据已知的特定环境条件选择合适的青石石材进行加工。

④剑石　有浅灰色、深灰色、黑色、土黄色和其他颜色。剑石产于江苏常州，具有丝状、带条、薄片状纹理的垂直线，外观直、强，易风化、剥离。

⑤灵璧石　又名磬石，产于安徽灵璧县浮磬山，是我国传统的观赏石之一，石质坚硬素雅，色泽美观。灵璧石主要特征概括为"三奇、五怪"。三奇即色奇、声奇、质奇；五怪即瘦、透、漏、皱、丑。

⑥人工山石材料　可以分为3种类型：树脂型、水泥型和亚克力型。树脂型人工山石材料是由树脂和颜料混合而成的。它有很好的耐磨性和耐腐蚀性，表面平整度高，不易变形。但是它的硬度比较低，不适合用于高强度场合。水泥型人工山石材料是由水泥、石英砂、颜料等材料混合而成的。它的硬度比较高，可以用于高强度场合。但是它的表面不够光滑，需要经常打蜡。亚克力型人工山石材料是由亚克力树脂和颜料混合而成的。它的表面光滑度高，颜色和纹理自然，易于清洁。但是它的硬度比较低，容易刮花，不适合用于高强度场合。

（2）假山置石的功能

①空间组织　用石景组织空间是打造自然美的另一种方式，可结合障景、对景、

背景、框景、夹景等手法灵活运用。置石可分隔空间，特别是分隔水面空间，丰富水面景观。另外，置石在园林空间中还起着重要的穿插、连接、导向及扩张空间的作用。

②点缀陪衬　运用山石小品点缀园林空间（图1-20），常见的有指路石、驳岸、挡土墙、石矶、踏步、护坡、花台，既造景又具有实用功能。还可以利用敲击山石能发出声响的特点，作为石鼓、石琴、石钟等。也可以作为室外自然式的器设，如石屏风、石榻、石桌、石凳、石栏杆或掏空形成种植容器、蓄水器等，都具有很高的实用价值，结合造景，使园林空间充满自然气息。

石材的纹理及色泽在环境中可起到"点睛"作用，使建筑空间层次感及深度得到加强。这一点在园林中十分常见，闽南园林、江南私家园林、北方园林都有大量使用。

图1-20　山石点缀

6）园林建筑

园林建筑是园林中最主要的人工构筑元素，从建筑的角度来说，应属于与自然环境密切相关的专门类型的建筑。园林建筑是以外部景观环境为依托，不仅具有一定的使用功能，又能与环境相融合，装点环境，满足观赏游览要求的各类建筑物或构筑物。我国传统园林建筑具有悠久的历史，常见的形式主要有亭、楼阁、廊等。传统园林建筑追求的是精神享受，因而建筑的欣赏功能大于它的使用功能，建筑的形式具有精美多变的特点。现代园林主要是大众休闲游憩的场所，少数园林设计也采用了一些新的建筑类型。与此同时，在建筑的材料与构造上也有了新的变化，传统的木结构逐渐被现代一些新型或复合材料所取代。新材料、新技术的加入，使园林建筑风格与结构发生了明显的变化。

（1）园林建筑的类型

园林建筑的主要类型包括楼阁、亭、廊、园门、展览建筑、茶室等。

①楼阁　楼阁是在各地园林中普遍采用的一种建筑形式，给人的印象以高耸为主，有一种飞阁崛起、层楼俨以承天的气势。楼阁在园林中常作为主景，多建在抱山衔水、景色清幽、视线开阔的地方，如滕王阁（图1-21）。

②亭　是古典园林造园普遍使用的一种建筑形式。它小巧灵活，形体多样，最具

有民族风格和地方特色，用来点缀风景也最容易出效果。造园家对它从形体设计、选址定位、建筑施工，到油饰彩绘，都做精心处理。苏州拙政园单是中园部分，就应心遂意地布置了十余座亭，其形体优美，选址适宜，各有寓意，无不恰到好处；网师园中的月到风来亭也是中国古典园林中亭的代表（图1-22）。

图1-21　滕王阁

图1-22　网师园月到风来亭

③廊　是古典园林中最精美的建筑形式之一，有单廊、复廊、双层复廊等多种形式，起连接建筑物、分隔空间、营造景观、引导游人的作用。最为壮观的是北京颐和园、北海公园等皇家园林里的廊。颐和园的彩绘长廊蜿蜒700多米，计273间。它倚山面水，东起乐寿堂，西至清晏舫，把山前沿湖的排云殿、宝云阁、听鹂馆等7座主要建筑联结到一起，一面是苍翠的万寿山，另一面是幽静的昆明湖，构成一条风光绮丽的游览线。从龙王庙隔水望去，它又似镶嵌在山水之间的一条花边彩带，愈发显示出皇家园林特有的雍华气概。而江南园林更显典雅别致。苏州拙政园的水廊（图1-23）、扬州寄啸山庄的双层复道廊（图1-24），都称得上至美至妙的佳作。

④园门　即园林大门，是空间转换的过渡地带，是联系园内外的枢纽，是园内景观和空间序列的起始，能够反映园林特色。

⑤展览建筑　展览建筑为公众提供丰富的文化服务，具有很强的公共性。随着时代的发展与城市公共生活的不断扩张，展览建筑的外部空间理应成为城市公共生活的重要载体，成为城市中最具有活力的场所之一，这对城市活力的塑造具有较大影响。

图1-23　苏州拙政园的水廊

图1-24　扬州寄啸山庄的双层复道廊

⑥茶室　茶室是公园中非常常见的园林建筑。茶室以品茶为主，兼供简单的食品、点心，是交友、品茶、休憩、观景的场所。

（2）园林建筑的功能

①使用功能　园林中的建筑可以满足人们休息、游览等各种活动的需要，不仅要有可以满足餐饮需要的茶室、餐厅，游览休息的亭、廊等，还要有可满足文化需要的展览馆，文娱活动需要的体育馆。如亭、榭等园林建筑，既可供游客停留观赏，又可按需要兼具小卖部、游船码头、管理用房等功能。

②点景功能　园林建筑体型或庞大，或轻盈，或奇特，作为被观赏的景观或者景观的一部分，往往是园区或景点的焦点，与自然环境形成既统一又对比的整体。

③观景功能　园林建筑是重要的观景点，人们通常会在休息或就餐时欣赏周围的风景，因此其位置选择要考虑视线所及之处应有美好的景色。

④组织路线　园林建筑具有空间起承转合的作用，常成为视线引导的主要目标，如长廊。

🍃 任务实施

1. 教师解读国内外园林大师及大师作品

教师选取国内外园林大师各一位，对大师及大师作品进行解读。通过解读，使学生建立正确的设计观，让学生能够从园林设计的基本问题入手，感受和理解大师的设计思想与设计方法。同时训练学生观察园林的角度，并引发学生对园林本质的思考，最终提高对园林的认识，掌握园林设计的基本概念。

2. 学生解读国内外园林大师及大师作品

教师列举现当代国内外园林大师5~8位，学生4~6人一组，通过知识迁移，选择其中一位进行解读，分组完成（表1-3）。

表 1-3　任务分工

小组名称		负责人	
任务分工	成员		任务

1）解读大师

（1）人物解读

要求对大师的生平、教育经历、设计思想、作品系列有一个总体阐述，尽可能使用图表形式概括性阐述。

（2）作品解读

每位大师选取2个园林设计代表作品。提前查阅资料了解设计内容，从设计作品的总体特点、设计要素，以及建成后的使用评价等方面做具体阐述，要求图文并茂。

2）分析与总结

分析大师设计思想在作品中的具体体现，总结其风格特点。制作PPT，并进行小组汇报。

3. 绘制园林设计思维导图

在教师的指引下，通过大师解读，提炼出园林设计的科学思维和设计思维，并指导学生以图文并茂的思维导图方式，展示全方位的思维路径，为后续解决问题提供有价值的设计思路。

🍃 考核评价

姓名		任务内容	了解园林设计的内容							
序号	考核项目	考核内容	等级				分值			
			A	B	C	D	A	B	C	D
1	学习态度	态度认真，积极主动，操作仔细	好	较好	一般	较差	10	8	6	4
2	内容过程	选取的大师设计作品具有代表性，调研和收集资料过程认真，对作品进行深入的分析和总结	好	较好	一般	较差	20	16	12	8
3	综合能力	能在老师的指导下，将大师作品的设计思想与方法通过归纳演绎，转化为设计思维图	好	较好	一般	较差	30	25	15	10
4	学习成果	成果表达规范，内容完整、真实，具有很强的可行性	好	较好	一般	较差	25	20	15	8
5	能力创新	观点创新，归纳总结全面	好	较好	一般	较差	15	10	8	4
合计得分										

小 结

项目 2   感知园林设计之美

项目导入

"审美和人文素养是德智体美劳全面发展的社会主义建设者的素质要求，也是我们专业必备的专业能力和素养。在审美过程中我们要晓其源，知其形，识其美。"林老师的话让景同学对园林设计有了更深的思考：学习园林设计，不仅要追溯园林历史，了解园林学科，还要探寻园林中的美学要素，找到园林之美的构成来源，感知园林之美的形式表达；除了学习书中的知识，还需走进各地园林，仰观俯察，游目骋怀，感知美在何处——是在山水炊烟、留石引水、厅堂轩馆中的妙工巧造，还是在琐纹窗外的万里遐思？

在本项目中，景同学将走进美的世界，在林老师的带领下一起感知美、发现美、欣赏美、创造美，通过对景观的美学评析，掌握美学法则在设计中的具体运用。林老师希望可以将审美的种子播在景同学的心中，让美好的情感滋润景同学的心田，让美好的创造成为景同学的追求，让美好的灵魂牢牢铸就。

本项目包含2个任务：（1）认识园林美及其特征；（2）理解园林形式美法则。

任务 2-1   认识园林美及其特征

任务目标

【知识目标】

1. 理解美的基本含义。

2. 理解美的形式。

3. 熟练掌握园林美的内涵及特点。

4. 熟悉中国传统园林美学特点。

【能力目标】

1. 能够从美的概念角度对园林景观进行美学分析。

2. 能够从美的形式角度对园林景观进行美学分析。

【素质目标】

1. 具有感知美、欣赏美的能力，树立正确审美观。

2. 了解我国文化背景下的美学思想，树立文化自信、传承优秀传统园林文化的理想和追求。

3. 热爱本学科，具有钻研和设计创新精神。

4. 具备较高园林美学素养和审美能力。

5. 具有吃苦耐劳的精神和团结协作意识。

任务描述

以小组形式，通过实地调研校园景观，感知并归纳校园景观中美的形式、类型及特点，制作PPT并在班级分享讨论。

任务分析

针对本次任务，要在掌握相关理论知识的前提下，小组制订科学的调研计划，采用正确的现场调查和资料收集方法，对校园景观进行调查及资料收集整理，通过分享、讨论、总结进一步理解园林美学相关知识，利用思维导图的形式，结合校园景观美学特征进行知识的总结，并提出自己的思考。

知识准备

1. 美的概述

1）美是什么

美，似乎人人都可感知，但是要问什么是美，又似乎很难给出明确的定义。古今中外，关于"美是什么"的论点有很多，很多人从不同角度提出美的概念，下面通过古今中外人们对美的探索和对美的定义来理解什么是美。

我国的美学思想源远流长，在漫长历史长河中，先人不断追寻美、探究美，也有不少关于美的论述。然而，不同时代，不同阶层的人，对于美的理解是不同的。从"美"的字形来理解先人对美的认知，其中有一种看法是，"美"字由"羊"和"大"两个部分组成，在物质条件匮乏的时代，人们对美的理解是"羊大为美"，这是人们从实用的角度来定义美。春秋时期伍举在回答楚灵王关于章华台"台美夫"（这高台美不美）的问题时说："夫美者也，上下、内外、大小、远近皆无害焉，故曰美。"从美的形式角度回答了什么是美，同时也提出："不闻其以土木之崇高、彤镂为美……若于目观则美，缩于财用则匮，是聚民利以自封而瘠民也，胡美之为？"这是对统治阶级只顾享乐不顾百姓疾苦的批判，指出美不仅在于形式。这段对美的论述被认为是中国乃至是世界上最早的关于美的定义。孟子认为"充实之谓美""里仁为美"，认为与有仁德的人居住在一起为美，道家的"天地有大美而不言"，是从思想道德层面来判断美。总的来说，在我国的传统文化背景下，美的概念和范畴更注重内在修养的自然呈现以及事物本身的内在意象，而非外在的装饰。

在西方，思考美的本质，探究"美是什么"的问题可以追溯到古希腊美学奠基人柏拉图，此后在西方一直延续对美的本质的讨论和争论。公元前6世纪，古希腊毕达哥拉斯学派认为，美就是一定数量关系的体现，美就是和谐，一切事物凡是具备和谐这一特点的就是美的。这个美学观点对后期西方的文艺产生了深远的影响。柏拉图则认为美的本质是理念，和谐的理念才显得美。中世纪和文艺复兴时期，人文主义美学的先驱但丁则认为艺术必须取法自然。在后来的美学研究中，各时期不同的美学研究者又提出"美是关系""快感的对象就是美""美就是生活""美是有用的"等观点。

从古今中外人们对美的探索和理解可以看出，不同的人从不同的角度可以对美提出不同的定义，但是又存在一定的片面性，有强调客观现实而忽略精神的，有强调精神而忽视客观现实的，都不能对美进行全面的定义。

19世纪40年代，马克思、恩格斯在其著作中谈到了美学问题，强调了人的主观能动性与客观现实的关系，将物质与实践的观点引入了美学，提出劳动产生美，美不是从人的主观心灵来探求，也不是从物质的自然属性来探求，而是从人类社会的生活实践中探求。这个论述将艺术、美和生产劳动结合起来。在谈到艺术创作方面时又提出，任何事物凡是符合美的规律的就是美的。马克思主义美学观认为人们具有欣赏美的器官，但是欣赏过程的心理变化和感受是基于一定的历史和社会背景，将美的物质性和精神性、思维与存在统一起来，揭示美的含义。

在马克思美学思想的基础上，现代美学家认为，美是合规律性和合目的性的统一，美和美感都是社会历史的产物。我国学者蒋孔阳提出：美是人的本质力量的对象化，美的特点在于创造。

2）美的类型

（1）自然美

自然美是指自然事物的美，包括山川、原野、森林、湖泊、花鸟虫鱼……自然之美丰富和充满变化，富有活力，是我们创造美的重要基础。自然美具有客观的属性，但是也不能脱离人的精神属性。人们是在改造自然的过程中发现、欣赏并不断改造及扩展自然的美，在欣赏自然美的同时往往带着自己的经验、思想和情感，因此各历史时期不同经济和文化背景下，人们对自然美的认知是有差异的。因此，在审美领域，自然也是被人化的自然。

（2）社会美

社会美是指社会中的美，是人的社会实践活动和社会存在中体现出来的审美心态。马克思所说的"劳动创造美"体现了美的社会属性。与自然美相比，社会美体现了人的实践活动，并直接显现在人的社会活动中。社会美与人的社会实践密切相关，范围十分广泛，体现在社会的方方面面，概括起来有几个方面：一是社会实践活动的美，如人的工作学习、闲暇娱乐、衣食起居等活动；二是社会实践成果的美，如人文环境、各种文明遗迹、文化传统等；三是人的内在美，体现在人的思想、品德，如儒家提出的"充实之谓美""里仁为美"。社会交往与人物美是社会美的重要形式。

虽然人类实践活动构成了社会美的基础，但不是所有的实践活动、社会活动都是美的。社会美以及社会实践主体美包含了人的合目的性和追求，具有明显的价值取向，必须符合正面的价值取向，反映的是一种积极的肯定的生活形象，这也是社会美的精神内核。社会美还受政治、经济、文化、历史的影响，具有鲜明的时代性、民族性。

（3）艺术美

艺术美是指艺术作品的美，艺术作品是艺术家创造性劳动的产物，它源于客观现实生活，但又不等同于现实生活，而是艺术家的想象，是经过对生活和现实进行典型化的提炼和总结，根据美的规律创造出来的产物。艺术美体现了人具有更高更自觉的审美理想，是艺术家对自然美和社会美的形式与内容的综合再现。艺术美具有形象性、典型性和审美性的特点。

（4）技术美

技术美是指技术产品的美，是将产品生产中的实用性与审美相结合，包含了技术过程和技术产物所具有的审美价值。技术是人们从事生产劳动的手段，技术的产物作为生产劳动的成果，满足人们物质和文化上的需要，可以说技术美是人类社会所创造的第一种形态美。技术美包含了技术产物产生过程具有的一定审美价值和产品本身所具有的审美价值。技术产物在生产过程中的美体现了人的正向、积极的实践活动，是一种事件或现象。从广义上来看，技术美也属于社会美的范畴。技术美涵盖了人们生活的方方面面，大到生活的环境，小到生活中的各个物质产品。在现代生活中，各种产品的设计致力于将功能与审美相结合，当然功能性依然是技术美的重要属性。

（5）意境美

意境是我国美学思想中的一个重要范畴，也是我们创造、欣赏和评判艺术的重要标准，它体现了艺术美。"意"是人的意识、思想和情感，属于主观的范畴；"境"是客观外在的实境。意境是情和景的交融，是情与景的结晶，是主观与客观统一的具体表现。情因景而生，景乃实境；艺术家创作时，景因情而著，景为虚境。艺术家"因心造景，以手运心"，此景乃由情所发之景，是艺术家的情的形象化和具体化，因此在艺术创作中对意境的创构，情是基础，所谓"外师造化，中得心源"。艺术家所创之境具有生动性和形象性，是基于情的对景物的提炼和升华，此境是艺术家的奇思妙想，体现了艺术家的创造性。在欣赏实景时，面对实境也会结合个人的生活经验触景生情，在景中生情，这是作为欣赏者在体悟境外之情。

意境、情景交融的构思是我国艺术创作的重要内容，在绘画、诗歌、书法、舞蹈、园林、音乐等艺术创作中，艺术家将自己的思想情感通过艺术的客观外在形式进行表达。

2. 园林美的内涵和特点

1）园林美的内涵

根据美的含义，结合园林的内涵及特点，园林美是来源于山水、植物、建筑以及动物，以自然美为基本属性，通过人的实践活动，合理布置山水、植物、建筑小品等园林要素创造出来的综合的美。具体来说，园林建造是造园家的实践活动，园林是造园家对山水、植物等自然要素的艺术化改造活动创造出的审美形象，是造园家的审美意识和园林形式的有机统一，因此园林美具有典型的艺术美的特征，是自然美、社会美和艺术美的高度融合。

2）园林美的特点

（1）综合性

构成园林美的要素包含山水、植物、建筑、山石、动物等，它们共同构成园林美的主体，在构成内容上体现出美的综合性。园林艺术还与诗歌、绘画、雕塑等艺术相结合，从艺术形式的角度上来看，园林艺术美具有综合性的特点。

（2）时空变化性

园林艺术是人化的景观，同时自然的四季更替、日落晨昏、风霜雨雪、雾霭霞蔚、繁星秋月都丰富着园林美的形式和内容，甚至共同构成园林美，园林的美也会随时间积淀不断变化，因此园林美具有时空变化的特点。

3. 园林美的表现形式和具体特征

1）园林美的表现形式

（1）地形之美

从古至今，人们对自然的审美都离不开地形。崇山峻岭，奇峰耸立，丘陵延绵，峡谷深幽，广阔原野……地形之美丰富多彩，人们将对地形之美的喜爱呈现在山水画中，也呈现在园林艺术之中。造园家或在优美的自然山水之中造园，或通过对自然山水之美进行浓缩提炼，用艺术的手法在园林空间中再现园林地形之美，呈现出不同的自然山水之美，成为园林的基底。地形之美是园林自然美的重要内容。园林中的山水有自然的山水，也有人工创造出来的山水，人工山水不仅体现出自然美，还具有艺术美和社会美的特征。不论是自然的山水还是人工的山水，都是园林美的重要形式（图2-1）。

图2-1　地形之美

（2）水景之美

《长物志》中有"石令人古，水令人远。园林水石，最不可无。"在中国古典园林中，水是不可缺少的元素。古典园林如此，在现代园林中水景同样也是重要的造园要素。园林中的水景以其多变的形态、丰富的园林景观，体现形态之美。同时，水景有随环境变化而产生的光影和色彩，更丰富了美的形式。水还能与各种要素搭配，烘托其他景观和空间，给人们带来不同空间意境之美，寄托人们的情感。在我国的传统文化中水还有深厚的文化内涵，《论语》中有"仁者乐山，智者乐水"，《道德经》有"上善若水，水善利万物而不争"，以水来比喻人的精神品格，因此在中国古典园林中，水还具有丰富和深厚的文化内涵。现代园林中，除自然的形体外，人们还利用现代科学技术让水景形态更为丰富，如设计出各种形态的喷泉、瀑布等水景，给园林水景增添了丰富的声、姿之美（图2-2）。

图2-2   水景之美

（3）建筑之美

建筑是人类创造的文明之一，是人类社会性实践的伟大成果。在我国悠久的历史长河中，建筑用独特的形态书写历史，这些奇构巧筑是用木石构筑灿烂的文化，也体现出高超的技术和丰富的美学内涵。建筑一直以来都是我国园林中的重要内容，它有着丰富的造型和组合形态，如高耸的塔、雄伟的楼宇宫殿、轻盈的园亭、端庄的厅堂等，形态丰富，各具特色。园林建筑不仅营造了多样的园林空间，其精美的色彩和图案，丰富的内部结构，还带来了视觉美感。随着科学技术的发展，现代园林中的建筑小品形态更为丰富，其色彩、材质也更为多样，科技的发展也为园林建筑小品增加更多创意，为园林增添了更多审美的内容。可见，园林中建筑之美不仅体现艺术美的特征，也是文化、经济和科技发展的综合体现（图2-3）。

图2-3   建筑之美

（4）植物之美

植物是园林中不可缺少的内容，也是园林要素中唯一具有自然生命力且丰富多变的要素，是最能反映园林自然美的要素。园林中的植物不仅可以通过不同的种植方式形成丰富的景观和空间，还可以利用其姿态、花、叶、果来突出园林之美。植物之美会随时空变化而变化，形成丰富的季相景观之美，成为园林美的重要内容，如春天百花烂漫、夏季树木葱郁、秋冬红叶夺目等，都是人们喜爱的景观。植物还可以在嗅觉上丰富审美感受，如夏日清新的荷香、秋日扑鼻的桂花香、冬日梅花的幽香等都能深化园林空间之美。在我国传统文化背景下，植物具有丰富的人格化特征，可寄托人们的情感，具有丰富的内涵。如"花中四君子""岁寒三友"等都是人们将植物特点与人的精神品格相结合，寄托人的情感。中国古典园林偏爱竹、荷花等植物，这是以植物喻人，传递自己的情趣和追求，通过植物的内涵美来丰富园林审美内容，深化园林空间意境（图2-4）。

色彩美	形态美
季相美	内涵美

图2-4　植物之美

2）园林美的具体特征

（1）自然美

自然美是园林美的重要内容，追求自然美、体现自然美是我国古典园林造园的目的之一。整个园林空间就是造园家经过师法自然，对自然按美的规律进行重构，园林中山水、植物、山石无不体现出自然的美感。很多园林就修建于自然山水之间，如北京颐和园、承德避暑山庄、杭州西湖等。山水景观本身就是园林重要的观赏内容，是园林中重要的审美对象。中国古典园林中的江南园林，山水虽然是人造景观，但是掇山理水所求也是自然的意蕴，造园首先要做到师法自然，依照自然山水的审美特点进行凝练，追求"一勺则江湖万里，一峰则太华千寻"的境界，达到"虽由人作，宛自天开"的艺术效果。在中国的古典园林中，人工掇山理水讲究山环水抱、山水驳岸、石矶洲岛、片石生情，体现自然趣味。自然美还体现在园林植物中，园林植物是园林

图2-5　园林中的自然美

中最具有自然生命力的观赏要素，植物不仅有自然、多变的姿态，而且通过其季相变化能让人直接感受到四季更替、时光流转。向往自然、亲近自然古已有之，现代人对自然美有更高的要求。尊重自然、顺应自然、保护自然，体现人与自然和谐共生，是构建人与自然生命共同体的重要形式，也是人们对园林自然美的更高要求（图2-5）。

（2）社会美

园林是人创造性实践的结果，园林之美体现了人的实践活动，并直接显现在人的社会活动中。园林空间中所呈现的人的活动和场景也体现出社会美的性质。园林源于人们的创造性实践，不同社会历史时期、不同文化经济背景对园林发展及形式有决定性影响，可以说，社会美体现了园林的精神内涵。中国古典园林满足园主净化心灵、陶冶情操、实现自我超越的需要。因此，园林景观、风格形式、主题内涵、园林空间中人的活动等都体现出那个时代的特点。随着社会的发展，人们对园林的需求也发生了变化，当代园林不仅需要满足人们休闲娱乐的需要，还应满足生态文明建设的要求，通过园林建设构建人与自然和谐共生的环境（图2-6）。

（3）艺术美

从艺术的内涵来看，园林空间具有典型的艺术特征。园林是造园家创造性劳动的结果，园林从其整体到要素都体现出艺术美的特征。园林中的自然美也是经过艺术家对自然的抽象和提炼所创造出来的艺术形象，园林中的建筑小品、道路铺装无不体现艺术的美感。此外，园林中还融合绘画、书法、雕塑等艺术形式，丰富了园林艺术美的内容（图2-7）。

图 2-6 园林中的社会美

图 2-7 园林中的艺术美

（4）技术美

园林建设过程是人们的劳动实践过程，园林也是一种技术产物。从古至今，园林营建都反映了时代技术发展。古典园林中的建筑营建、人工山石堆叠都呈现出技术美的特征。随着时代的变化，现代园林中各种小品成为园林中不可或缺的内容，从座椅等休息设施到卫生设施、照明设施都体现了技术美。随着社会的发展，技术美将越来越多地充实到园林审美范畴（图2-8）。

（5）意境美

首先具有意境的空间实境，其次是注入艺术家的主观情思意蕴，二者相辅相成，

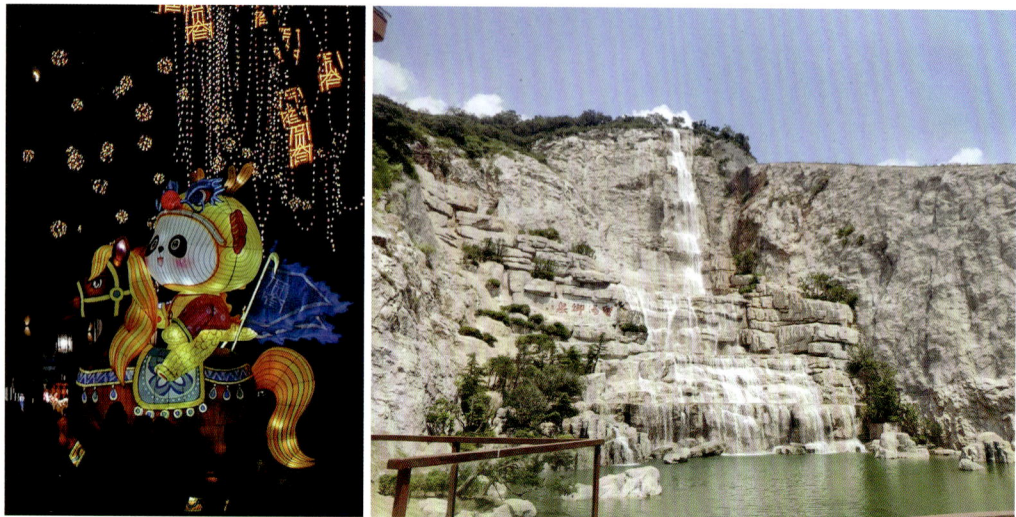

图 2-8   园林中的技术美

方可产生意境之美。中国古典园林中对意境的追求由来已久，在文人园林中，园林与诗画相生相长，文人造园遵循诗画的创作原则，追求诗情画意。园林意境创作与绘画中的布局相似，从全园的山水布局来看，中国古典园林的山水从来不是对自然的照搬全抄，而是造园家对山川景物的胸臆创构，是对自然山水的抽象与提炼，达到"多方胜境，咫尺山林"的意境。

园林中的意境表达首先体现在造园的总体立意上，具体体现在园名上，如拙政园，园名取自晋代潘岳《闲居赋》中"灌园鬻蔬，以供朝夕之膳，是亦拙者之为政也"，表达其官场失意、寄情园林之情感。园林中意境还可以通过景名、匾额、楹联来点题，启发欣赏者的想象，增强感染力。如拙政园的与谁同坐轩，景名取自苏轼《点绛唇·闲倚胡床》中词句"与谁同坐？明月清风我"，体现景与情的交融。园林被誉为立体的画、无言的诗，诗情画意是园林所追求的意境，而这种意境的生发不只是在某个景点上，往往是通过对整体空间的巧妙构思和安排，综合运用各种感官的感受，让人们沉浸其中，达到"景无情不发，情无景不生"的效果。此外，利用四时和气象变化来深化空间意境也是园林中常见的做法，古典园林中的许多著名景点如拙政园中的海棠春坞、荷风四面亭、待霜亭、雪香云蔚亭都是应四时变化而造景，通过视觉、听觉、嗅觉、触觉，强化人们对景观的感受，深化空间意境。

🍃 任务实施

1. 美的认知与讨论

①师生讨论美是什么。
②分享你对美的认知及经验。

2. 园林美的调查与研究

①调查校园景观并收集资料。

②以校园景观为例，通过PPT展现校园景观中园林美的表现内容、形式及具体特征，填写表2-1。

表 2-1　校园景观中美学表现分析

地块	园林美的形式	美学表现分析
地块1		
地块2		
地块3		
地块4		
地块5		
……		

🍃 考核评价

姓名		任务内容	认识园林美及其特征							
序号	考核项目	考核内容	等级				分值			
			A	B	C	D	A	B	C	D
1	学习态度	态度认真，积极主动	好	较好	一般	较差	10	8	6	4
2	内容过程	选取场地具有代表性、美学典型性，记录过程认真，对调研资料进行科学的整理与分析	好	较好	一般	较差	25	20	15	8
3	综合能力	能准确、流畅表达并分析校园景观美学形式与特点，具有一定的审美能力	好	较好	一般	较差	40	32	24	10
4	学习成果	条理清晰、内容完整，设计表达清晰准确、规范	好	较好	一般	较差	25	20	15	8
合计得分										

任务 2-2　理解园林形式美法则

任务目标

【知识目标】

1. 理解形式美基本法则的内涵和形式。

2. 熟练掌握形式美基本法则在园林设计中的运用。

【能力目标】

1. 能够利用形式美法则对视觉形象进行美学评价。

2. 能够熟练应用形式美法则对园林设计进行美学评析。

3. 能够运用形式美法则进行基本设计。

4. 具备设计绘图的技能。

【素质目标】

1. 培养美学鉴赏能力和较高的美学素养。

2. 培养学习迁移能力，具有应用美学法则的能力。

3. 树立正确的审美观。

4. 培养沟通交流、团结协作等综合职业素养。

任务描述

1. 以小组协作的形式，通过实地调研，收集景观素材，以PPT的形式进行景观美学评析，分析形式美法则在设计中的应用，并在课堂上进行分享。

2. 制作思维导图，总结形式美基本法则及其设计应用。

任务分析

针对本次任务，首先要深刻理解、系统梳理和总结形式美法则，根据目标和计划进行实地调研。在对基础知识深刻理解的基础上，通过团队分工协作、沟通、讨论等形式共同完成典型景观的拍摄及美学分析，进一步掌握基础理论知识。通过思维导图与设计相结合的形式，完成理论到应用的提升，培养系统性思维、创新性思维。

🍃 知识准备

事物都可以分为形式与内容两个部分。内容是构成事物内在要素的总和；形式是事物的外在表现、结构或组织方式，是一个事物如何被安排、构造、呈现或感知的。美包括内容与形式，强调内容与形式的联系，形式不能脱离内容，内容往往决定形式。形式美是对美的形式的抽象与提炼，是人们在长期的社会实践中提炼、概括出来的，能引起人们普遍美感的形式规律。形式美具体体现在形、色、质、声、味等方面，是人们通过五感能直接感知的外部形式。

1. 变化与统一

变化与统一法则又称为多样统一法则。世界万物事实上都按一定规律组成严密的系统，我国古代哲学思想中"天人合一"就体现了变化中的统一思想。变化与统一法则也是自然法则，是客观事物本身的规律体现。变化意味着不同，不同就存在差异，有差异就有变化。在视觉设计中，如果只有统一没有变化，就如同一页白纸，内容单调，缺少丰富的视觉形式，而过多毫无规律的变化则会给人杂乱无章之感，因此，在设计过程中，处理好统一与变化之间的关系，才能设计出内容丰富且统一的视觉形象。要注意的是，统一应该是整体的统一，而变化是在统一前提下的、有秩序的、局部的变化，即在变化中有统一、在统一中有变化，求同存异。变化与统一法则是一切艺术领域中处理构图的最概括、最本质的法则。

在园林设计艺术构图中，由于构成园林景观要素是多样的，因此变化性、多样性必然存在，如何处理统一是园林设计构图的关键。园林设计中要考虑如何将多样变化的局部空间组成一个统一的艺术空间，局部空间各要素的设计也同样需要遵守变化与统一法则，即在园林构图中小到一个建筑小品、一组植物配置，大到一个场所，乃至整个园林空间，都应该遵循这个法则。在园林设计中统一的手法多种多样。

（1）局部与整体的统一

园林设计中的整体体现在园林空间整体的设计风格、主题与功能，每个局部的设计必须服从整体构思。在主题表达、功能、设计形式上服从整体，才能使园林空间各个部分统一成一个整体，给人完整、鲜明的景观印象。如中国古典园林中建筑、山水、植物都在"有若自然"的总体构思下进行设计布局，各个部分组成不可分割的整体。在具体的景观要素设计中，局部景观要素从风格到形式都要与整体统一（图2-9）。

图2-9 建筑风格与环境统一

（2）形式与内容的统一

形式是为内容服务的，园林设计中的"意在笔先"，这个"意"就是内容。只有先确立明确的设计构思，形式的设计才有内在的依据。一个好的设计一定是内容与形式的统一，形式与内容不统一的设计只会让人不明所以，感受不到作品的设计目的和要表达的精神内涵。内容决定了一个园林的总体形式，如中国古典园林和西方古典园林，在形式上有着各自鲜明的形式特点，这个形式直观地体现了其不同的造园思想，体现了景观在内容与形式上的统一。一个优秀的设计能让人通过其设计形式领会设计思想和目的。图2-10中的某滨海城市展园是以"海"为主题，设计采用体现海浪的曲线形式，游人通过景观形式便联想到了海，实现了形式与内容的统一。

图 2-10 围绕海浪主题的景观

（3）设计风格的统一

一个好的设计不仅内容与形式统一，还需要设计风格统一。主题和立意决定设计风格，风格就是具体的设计形式。设计风格包括设计布局形式以及景观的具体形式、大小、材料、色彩、质感。我国江南古典园林建筑采用灰白色调，各建筑采用统一的形制，整体风格统一（图2-11）。中国的叠石讲究形、色、质、纹的统一，叠石必须采用相同的石材、颜色、质感，堆叠的时候还要讲究石纹的统一（图2-12）。若采用多种不同的石材，堆叠中纹路线条杂乱无章，则无法体现假山的艺术美。

图 2-11 建筑风格统一　　　　　　　　图 2-12 假山石材统一

2. 主从与重点

在构图中，通过强调一个主体要素来支配和统领全局，其他要素处于从属地位，这样的艺术处理手法称为主从法。被强调的主体成为重点的内容，它与其他要素构成了主从关系。主从法是构图达到多样统一的重要条件。

在园林设计中，主次分明才有重点，如若主次不分就缺少亮点，景观会显得平淡乏味；而重点过多又会相互冲突，显得杂乱无章。因此，把握好主次关系在景观设计中非常重要，只有主次清晰，景观方显得有层次，各要素才能各司其职，游人在游园过程才能有看点，各景观要素才能最大限度发挥其景观功能。在园林设计中，从全园

图2-13　通过主题和景点位置安排突出主景

空间布局到局部空间景观设计，景观中各要素的风格、形状、色彩、材质等都要把握好主次关系，形成主空间、景点、主要风格、主色调等（图2-13）。例如，局部空间中园林建筑往往可以成为空间中的主景，植物为从属地位，突出主景。

那么如何突出主次呢？要强调"主"，即要突出重点。在园林景观中，可以通过突出主题、体量、造型、位置及从属要素的强烈对比烘托等形式来突出主景（图2-14）。如颐和园中佛香阁，无论从体量、位置还是环境烘托上都突出了其在园中的主景地位；纪念公园中高大的纪念碑往往位于轴线末端，且常布置于高处，再通过周边植物的烘托，成为园林空间中的主景。"红花还需绿叶扶"，没有"从"就无所谓"主"，主体的突出离不开从属要素的烘托，设计中明确主体后需要对从属景观进行精心的设计，通过协调和对比来烘托主景（图2-15）。

图2-14　通过体量和位置突出主景

图2-15　从属要素对主景的烘托

3. 调和与对比

变化与统一的基本手法就是调和与对比。调和与对比本就是对立关系，是矛盾的两种状态，然而这两者却是构成多样统一的重要手段，调和反映了统一，对比体现了变化。

调和是指两个及两个以上共同出现的要素之间的差异较小，或者类同，其共性大于差异性，这些要素并列出现时比较容易协调，从而产生统一感。例如，在平面形态中，如果构图要素都是圆形，只存在大小上的差异，这些构图元素组合在一起则比较协调，要素之间的关系就是调和关系。调和分为相似调和和类似调和。

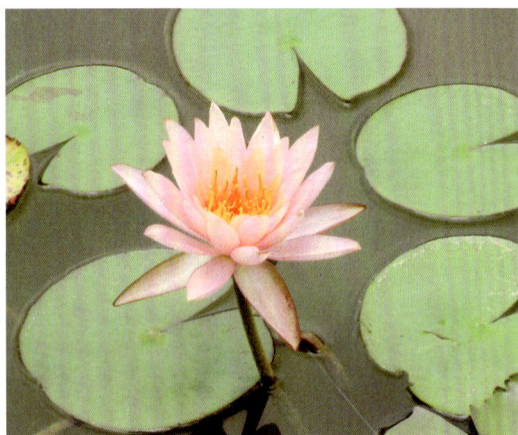

图 2-16   植物的花瓣和叶子体现相似调和

相似调和是指共同出现的要素在形状上相似，但在大小、排列上有差异，如圆形与椭圆形相似，长方形与正方形相似，在一个设计构图中，重复使用这些相似构图，其组成部分在相似的基础上重复变化，就比较容易产生协调感，形成相似调和。相似调和也普遍存在于大自然中，如同种动物都有相似的外表，不过在形态、色彩等方面会有细微差异；植物的花瓣和叶子在整体上相似，仔细观察实则在大小、形态上都存在一定的差异（图2-16）。

类似调和也称微差协调，指近似的要素重复出现或相互配合产生协调感。类似调和各要素之间的差异较小，更容易产生协调感。

对比是指在一个构图中同时出现的两个要素差异很大，达到对立的程度。它们的出现可达到醒目的效果，对比要素各自的特征也得到强化。如色彩上黑与白的对比，两个对比鲜明的色彩互相衬托，黑者更黑，白者更白。

在设计中，要在明确主次的前提下，对形态、色彩、质感等方面采用相似调和或类似调和的方法使构图要素之间达到协调。

1）调和的设计应用

构成园林的要素本就千差万别，在园林设计中，调和是必要的，只有通过调和才能让众多园林要素组成统一的整体。在园林设计构图中，相似调和更容易产生协调感，如图2-17中，构图要素都是圆形和曲线，但是存在大小、色彩和质感上的差异，即使变化丰富但依然给人整体协调感。调和既可应用在构图设计上，也可应用于空间造景中。例如，植物配置中虽然各植物在大小、色彩与质感上不同，但可以通过相似的形态达到整体调和（图2-18）。

图 2-17 平面构图中调和的应用

图 2-18 植物造景中调和的应用

2）对比的设计应用

在设计中，整体调和是目标。要素之间能产生调和是因为相似，如果一个构图中都由相似的要素构成，虽然整体统一，但也容易因为缺少对比而导致平淡、乏味。设计中可以采用对比，两个要素互为衬托，通过明显的差异化突出各自的特性，从而产生醒目、刺激的视觉效果。景观设计中通过对比也能形成视觉焦点，使人兴奋、激动，让景观更有趣味，让主题更加突出。

设计中对比体现在形态、色彩、质感、疏密、空间等方面。形态上的大小、方向、高低、长短可以形成对比，如以小衬托大，可以突出宏伟的感觉（图2-19）；色彩上可将色相、冷暖等色彩要素进行对比，如"接天莲叶无穷碧，映日荷花别样红""万绿丛中一点红"就是"红"和"绿"补色的对比（图2-20）；质感上的细腻与粗糙、结构上的疏密可以形成丰富的视觉效果（图2-21）；空间上可以通过大小、明暗、疏密、动静、虚实形成对比（图2-22至图2-24），如"蝉噪林逾静，鸟鸣山更幽"是通过"噪"和"鸣"突出了山林的幽静。在中国古典园林中，空间的对比尤为重要，如留园的空间对比，进园后先经过曲折、压抑、封闭的建筑空间，然后在尽头进入宽阔的主空间，给人豁然开朗的感觉。

图 2-19 大小对比

图 2-20 植物色彩对比

图 2-21　各要素质感对比

图 2-22　空间虚实对比

图 2-23　动静对比

图 2-24　疏密对比

4. 对称与均衡

在自然界中，静止的物体由于达到力学上的均衡状态，从而取得平衡。均衡包括左右均衡和上下均衡。平衡给人安全和稳定的感觉，不平衡的物体则会给人以动感甚至觉得危险。对称是典型的平衡，是指要素按对称轴或以一点为中心进行的同形、同量、同质上下左前后布置。以对称轴进行对称布置的为轴对称，生活中很多常见的物体和景物都是轴对称的形式；以点为中心布置的为发射对称，如圆形图案布置。对称是自然界中广泛存在的构成形式，多数生物的形体结构便是对称的形式。

设计中对称与均衡的形式更加灵活多样，除了对称均衡，还有非对称均衡。

1）对称均衡

对称均衡又称为绝对均衡或静态均衡，是指设计要素按对称轴进行镜像布置，体现了力学上的绝对平衡感。对称均衡给人庄重、理性、严肃的感觉。在西方古典园林中，对称均衡应用比较广泛。我国的皇家宫苑、寺观多采用对称均衡。在现代园林中，入口处、广场、道路绿化等也多采用（图2-25）。

图 2-25　对称均衡

图 2-26　非对称均衡

2）非对称均衡

非对称均衡又称为动态均衡，是设计中普遍应用的均衡方式。非对称均衡给人自然活泼、轻松自由的感觉。在园林设计中，大到整个绿地的布局，小到一个树丛的设计，无不体现着这种动态均衡。非对称均衡不强调对称轴，是一种较为复杂的均衡。我们所说的视觉上的均衡是一种感觉上的均衡，这种均衡与力学上的平衡相似。在设计中，非对称的情况下要想达到视觉上的均衡可以通过力学的均衡原理，强调中心等方式来达到均衡感。设计中可以通过强调构图中心、利用杠杆原理以及三角形构图法来进行均衡设计（图2-26）。

（1）构图中心法

在设计构图中，可以通过特意强调一个景物中心，其他部分围绕中心做均衡布置，使景观整体给人以均衡稳定感。在园林中，树丛的布置、景点的布置常常采用这种方法（图2-27）。

（2）杠杆原理法

杠杆原理法又称动态平衡，构图中采用杠杆力矩原理，将不同体量或重量的设计要素置于相对应的位置来取得平衡感。例如，大门、道路两侧的景观布置采用这种方法进行景物布置，可使景观整体达到均衡状态（图2-28）。

图 2-27　构图中心法

图 2-28　杠杆原理法

（3）三角形构图法

利用三角形结构稳定的原理，将中心景物布置在三角形3个顶点，形成一个稳定的三角形。三角形可以灵活变化，可以是正三角形也可以是斜三角形或倒三角，正三角形构图较少。斜三角形由于富于变化，也较为灵活，在设计中应用更广泛。三角形构图具有安定、均衡但又不失灵活的特点。与构图中心法相比，三角形构图法强调构图整体的稳定感，而构图中心法更强调中心主景（图2-29）。

图2-29　三角形构图法

5. 节奏与韵律

诗歌和音乐中按一定规律重复出现相近或相似的音韵称为韵律，节奏与韵律合称为节律，节律体现出一种重复的、规律性的变化。宇宙与大自然中也充满着节奏与韵律，四季更替体现了自然的节奏感，起伏的海浪、潺潺的溪水、蜿蜒的河流、连绵起伏的山脉、错落的树丛、广袤的田野，都尽显节奏与韵律之美。节奏与韵律不仅是听觉上的感受，通过要素的连续重复也能获得视觉上的节律感。

在设计构图中，节奏与韵律指某些要素连续重复出现所形成的一种美感。在园林设计中，高低错落的树木、蜿蜒曲折的道路和溪流，以及建筑小品结构、园林要素布局形式等无不体现着节律之美。设计中，根据重复的形式不同，韵律分为简单韵律、交替韵律、渐变韵律、交错韵律、自由韵律、旋转韵律、突变韵律等形式。

1）简单韵律

简单韵律又叫整齐韵律或连续韵律，指某一部分连续使用和重复出现的有组织排列所产生的节奏感。如建筑中连续重复的结构，大自然中成片的花海，街道上连续种植的行道树，庭院中的喷泉雕塑等。简单韵律使人感觉规整简洁、整齐划一，但也容易产生单调乏味之感，大面积的重复可给人气势恢宏的感觉（图2-30）。

2）交替韵律

在重复的要素中，两个要素或两个部分交替出现，这样的韵律叫作交替韵律。交替韵律可以是一个要素的交替，也可以是多个要素组合成一个单元进行交替。交替韵律在重复的过程中有变化，变化中又有重复和连续，是较为复杂的韵律。园林设计中

图 2-30　简单韵律

图 2-31　交替韵律

如道路绿地中的植物配置多采用交替韵律的形式（图2-31）。

3）渐变韵律

渐变韵律是指某些要素在出现时，按照一定的规律，或逐渐加大变化，或逐渐加宽、变窄，或由长逐渐变短，或色彩逐渐变化。我国很多传统建筑的屋顶都体现了渐变韵律，园桥的桥洞也体现了大小的渐变韵律（图2-32）。

4）交错韵律

交错韵律指两组以上的要素按一定的规律交错变化形成的韵律，在图案设计中运用更广泛，如园林建筑中花格窗的装饰花纹、地面铺装图案等（图2-33）。

5）自由韵律

某些要素或线条以自然流畅的方式，不规则但有一定规律地婉转流动，反复延续，出现自然优美的节奏感，称为自由韵律。自然界中蜿蜒的溪流、延绵起伏的山脉带给我们的都是自然的韵律美，这是一种复杂高级的韵律。在园林中，空间的穿插、重合、

图 2-32   渐变韵律

图 2-33   交错韵律

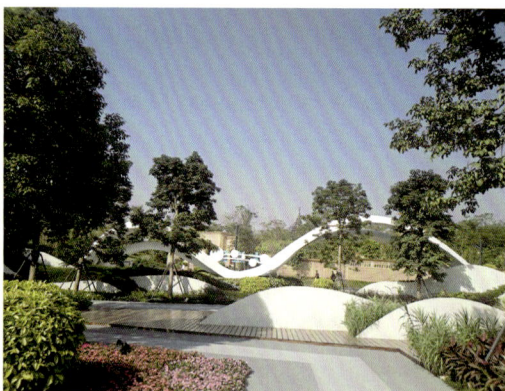

图 2-34   自由韵律

连续可以形成自由的韵律美，道路的蜿蜒曲折、高低错落，水面的开合收放，植物的高低起伏、疏密变化，以及道路铺装的图案，建筑小品的结构，都可体现这样的韵律美。自然韵律给人以自然、优美的感觉，是设计中运用最多的韵律形式（图2-34）。

6）旋转韵律

旋转韵律指旋转和螺旋变化所形成的韵律。从浩瀚的宇宙到生命的结构都充满了旋转的形态。自然界中的旋转无处不在，从植物、动物到飓风、旋涡。旋转体现了动态和变化，在园林设计中，旋转的楼梯、旋转的游乐设施都给人动态和变化的感觉。

7）突变韵律

突变韵律是通过对比的应用而产生的韵律，指景物以较大的差别和对立形式在某个连续整体的韵律中突然出现，从而产生突然变化的韵律。由于景物与周边形象产生对比，因此给人以强烈的印象，如花海中矗立的古树、林中的小亭、广场上的雕塑等，园林景观中的景点基本都呈现出突变的韵律美（图2-35）。

6. 比例与尺度

在审美活动中，客观景物和人的心理经验形成合适的比例，让人体会到美感，许

图 2-35 突变韵律

图 2-36 恰当的比例

多美学特性就起因于比例。比例是部分和部分、部分和整体之间在长度、面积、位置等系统中的关系，指的是两个要素之间的数比关系。合适的比例是使构图中部分与部分、部分与整体之间产生联系，从而达到统一的重要手段，如桂林日月双塔恰当的比例让两者看起来非常和谐；植物配置中个体之间的合理比例也会让整体协调。比例在园林的整体设计和局部设计中都是非常重要的艺术法则（图2-36）。

比例只能表明各种要素之间的相对数比关系，不涉及对比要素的真实尺寸。为了研究物体在视觉上的大小印象和其真实尺寸之间的关系，通过对不变因素与可变因素进行对比，从其比例关系中找出可变因素的真实大小。在园林设计中，这个不变因素通常是人。所以，在园林设计中通常说的尺度就是指景物与人之间的比例关系。

1）比例的设计应用

比例是设计中调和各要素的重要手段，在园林设计中可以通过各要素间恰当的比例让要素间产生协调感，从而让构图中的各要素产生美感。

（1）黄金分割比

古希腊数学家、哲学家毕达哥拉斯把数学当作世界的本原，认为"万物都是数""数是一切事物的本质，整个有规定的宇宙组织，就是数以及数的关系的和谐系统"。基于这样的观点，他认为美是数的关系表现，并发明了黄金分割比。黄金分割比是指将一条线段a分割为b、c，b与a、c与b的比值都约为0.618，0.618就是黄金分割比例，又叫外中比。黄金分割比广泛应用于建筑、绘画等各种造型艺术中。实际应用中黄金比有一个宽容度较大的区域，在0.571~0.666都是可以的。

（2）整数比与复比例

线段之间的比例为2：3、3：4、5：8等整数比例的比称为整数比，由整数比构成的矩形具有均衡感、静态感。由2：3：5：8：13等数列构成的比例为复比例，其构成的平面具有秩序感、动态感。现代园林设计中整数比的应用更为广泛。

在设计中应用比例要注意几个问题：第一，比例体现在园林景物的外观形态上，应具有恰当的关系，比例既体现在个体内各部分，也体现在个体与整体之间，这些关系难以用精确的数字表达，而是属于人们感觉上和经验上的审美概念，如一组植物配置，设计实践中无法也没有必要精确计算各株之间的比例关系，而是靠审美的自觉和直觉；第二，在园林设施设计中，往往功能决定比例，如园林中的座凳设计，其长宽比是根据功能来决定而不是单纯追求理论上的美；第三，美的比例不是唯一的，也不是固定的，从美的内涵中可知，审美会随着不同的历史阶段而变化，因此，比例既有绝对性，也有相对性。

2）尺度的设计应用

（1）自然尺度和常情比例

简单来说，尺度是园林中景物与空间真实的尺寸，由于园林空间的使用对象是人，因此园林空间构图的尺度是以人的视觉感受、身高和使用活动所需要的空间为标准的。一般情况下，景物给人们的视觉尺度与正常真实尺寸的关系是一致的，这就是自然尺度（正常尺度）。这时景物的局部、整体与人形成一种合乎常情的比例，合乎常情比例的景物给人亲切自然的感受。对使用性强、安全性高的要素，一般要按人的正常尺度甚至规范尺度进行设计，如道路的宽度、台阶高度和宽度、座椅高度，都必须以人的尺度为依据进行设计，而防护性栏杆的高度、消防通道的宽度等涉及安全的要素，其尺度还通过规范的形式进行强制性要求，必须按规范要求的尺度来进行设计。

（2）夸张尺度

夸张尺度指景物与人的比例超乎正常范围，如过大或过小。过大尺度的景物给人雄伟、壮观、震撼的感受，在景观设计中，如纪念性人物雕塑、烈士纪念碑等都采用大尺度的设计从而突出主题。过小的尺度给人可爱的感觉，如很多玩具都采用小尺度设计。在园林设计中，某些功能性要素的夸张尺度能产生特别的效果，如超大的椅子、帽子等大尺度景观。

🌿 任务实施

1. 形式美法则讨论与分析

师生互动，讨论、分析、归纳总结形式美法则，并完成表2-2。

表 2-2　形式美法则分析

形式美法则	概念	形式	特点
法则1			
法则2			
法则3			
法则4			
法则5			
……			

2. 形式美法则应用调查与研究

1）小组分工，制订调研任务及计划

学生4~6人一组，制订任务分工（表2-3）和具体计划。

表 2-3　任务分工

小组名称		调查场地名称		负责人	
任务分工		成员		任务	

2）调查并研究城市公园形式美法则的应用

选取城市某个公园，拍照、收集公园景观，并分析其美的形式、美学特点及美学法则应用，最后完成表2-4。

表 2-4　城市公园形式美法则分析

地块	美的形式	美学特点	美学法则应用
地块1			
地块2			
地块3			
地块4			
地块5			
……			

🍃 考核评价

姓名		任务内容		理解园林形式美法则							
序号	考核项目	考核内容	等级				分值			
			A	B	C	D	A	B	C	D
1	学习态度	态度认真，积极主动	好	较好	一般	较差	10	8	6	4
2	内容过程	选取场地具有代表性、美学典型性，记录过程认真，对调研资料进行科学的整理与分析	好	较好	一般	较差	20	16	12	8
3	综合能力	能准确、流畅表达并分析基本知识在设计实践中的应用，能在设计中运用形式美法则	好	较好	一般	较差	30	25	15	10
4	学习成果	条理清晰，内容完整，设计表达清晰准确、规范	好	较好	一般	较差	25	20	15	8
5	能力创新	立意创新，设计表现突出	好	较好	一般	较差	15	10	8	4
合计得分										

🍃 小 结

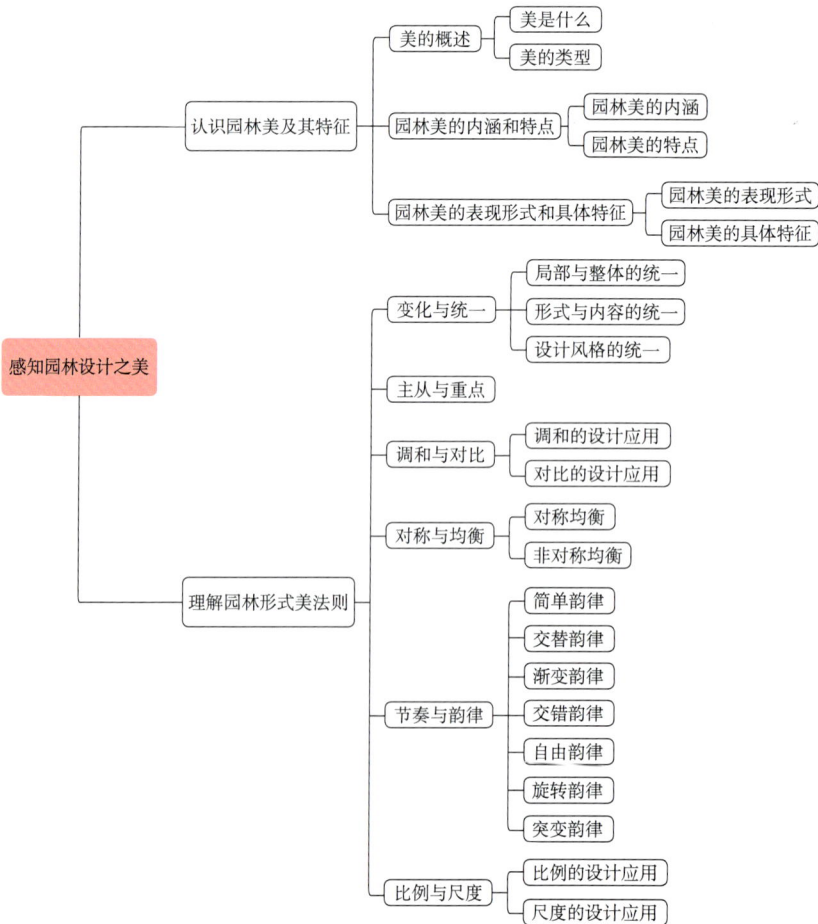

项目 **3** 赏析园林设计造景手法

项目导入

"科学思维和素养有助于提升我们独立思考、客观评价、批判性思维的能力。万事万物是相互联系、相互依存的。学习园林设计不仅要识其美，更要悟其理、绘其形"。林老师带领景同学进入了更深层次的探索与发现：学习园林设计，不仅要感知园林中美的形式，更要领悟美的法则以及美的创造；除了蕉窗听雨，看落红阵阵；更要问"与谁同坐"，览庭院深深。

在本项目中，景同学将继续在林老师的带领下开启对园林空间的专业评析之旅，并对园林空间中的设计手法寻踪觅迹，尝试对所学理论进行实践。林老师希望将科学与创新精神注入景同学的心中，让他可以透过现象看本质，领悟园林布局、空间及造景艺术背后的意蕴。

本项目包含3个任务：（1）分析园林立意与布局；（2）学习园林空间的营造；（3）学习园林造景的手法。

任务 3-1　分析园林立意与布局

任务目标

【知识目标】

1. 理解园林立意与布局的概念。

2. 理解园林立意与布局的要求。

3. 掌握不同设计布局的特点。

4. 掌握立意与布局在园林设计中的运用。

【能力目标】

1. 能够赏析园林景观立意构思。

2. 能够描述园林立意与布局的特点。

【素质目标】

1. 培养获取信息、分析及借鉴的基本能力。

2. 具有较高的审美能力和艺术素养。

3. 培养语言表达、团结协作、社会交往等综合职业素养。

4. 激发对园林行业的热爱，让园林融入学习与实践之中。

任务描述

1. 通过学习古典园林和现代园林优秀案例，赏析经典园林的立意及特点。

2. 通过学习古典园林和现代园林优秀案例，分析其布局形式，通过现场调查绘制其平面布置图，并比较分析其设计布局的特色。

任务分析

　　园林布局是园林艺术的最终体现，如何更好地体现设计立意，发挥园林的实用功能，体现园林造景艺术，都需要通过对优秀园林进行实地调研，真实感受不同背景下园林设计立意与形式。中国古典园林是立体的画、流动的诗，诗情画意是中国古典园林艺术特色。要了解古典园林的立意，首先需要对我国历史及传统文化如山水画、诗词等进行一定的学习，理解我国古典园林艺术的造园思想，从而真正理解我国造园艺术立意的特点和要求。通过实地调研现代园林空间，对比古今园林在立意、形式上的区别，了解园林的功能特性，理解园林建设的目的和意义，才能设计出优秀的园林作品，让园林在生态文明建设、改善人居环境中发挥更大作用。

📖 知识准备

1. 园林立意

　　"立"，是确立之意；"意"有"意识、想法"之意。所谓立意就是确立一种意识和想法，艺术创作中的立意就是确定作品的思想。艺术是艺术家理想和情感的具体化和客观化，通过具体的客观对象表达思想情感的一种方式，简言之，艺术作品是某种思想情感的具象化。审美者在感知艺术作品的外在形式时，通过联想和想象感悟其中的思想情感。西方古典建筑中高耸的建筑、光影设计无不让人感受到宗教的意味；中国皇家园林中的轴线、严谨对称的建筑布局、金碧辉煌的建筑色彩传递的是皇家威严和至高无上。艺术作品的立意决定其作品的呈现形式，即内容决定形式。

　　园林立意是指确定园林设计的总意图、总体构思，即园林设计的主题思想。园林立意决定园林的形式，构成园林的诸多要素如果没有明确的总体构思，设计就没有目的、没有方向。因此无论绘画还是园林，首先要考虑立意，做到"意在笔先"。扬州的个园，以竹喻人，鲜明地表达了园主对竹子虚怀若谷、高风亮节、正直清高品质的追求。一个准确、鲜明、新颖的立意对园林设计作品来说至关重要。广西园博园柳州园，以地方奇石文化立意，以石为题，设"石之林""石之源""石之筑"空间，园林处处以石造景、以石成景、以石传情，主题鲜明，令人印象深刻。

　　古人建园，"立意"与"相地"相辅相成，计成在《园冶》中对相地还有专门的论述，分析不同用地的特点，认为园林建设要"相地合宜，构园得体"。在现代园林中，园林绿地的类型与形式多样，在整个园林绿地系统中，不同绿地具有不同的功能要求。在进行设计立意时，首先要明确绿地的功能定位。要根据绿地性质和功能需要，结合用地的情况及周边环境，明确绿地功能定位。例如，工厂生产区绿地和大学校园绿地由于性质不同，其功能要求不同，在功能定位上也是不同的。同一类型绿地由于位置和周边环境不同，功能定位也有差别。例如，同为大学校园绿地，教学区的绿地和生活区的绿地在功能定位上也有差别，这需要在设计前进行全面分析，才能准确定位。其次是确定全园景观的主题，体现情景交融的设计构思。园林是造景艺术，造景的目的在于抒发造园者对造园目的和任务的认识与思想情感，要求做到情景交融。古今中外的园林无不表达园主和造园者的思想情感。在西方规则式园林中，其规则的布局形式、规整的植物造景都体现了人们对待自然的态度。他们认为自然不是完美的，是需要改造的，因此在园林景观中处处体现人为的力量，以体现人工美为目的。而中国古典园林则表达了人们对自然美的欣赏，人们通过模仿提炼自然景观之美使其于园林中再现。同时将自身情感托付给自然，寄托于园林空间，抒发自己的思想和情感，寓情于景，情景交融。如拙政园，园名拙政寓意"拙者之为政"，表达了官场失意、寄情园林的造园目的。最后是景点的立意构思。园林中的立意还体现在各区域及景点的设计构思，园中景观不仅要做到景美如画，还要寓情于景，让人情从景生、触景生情。如拙政园的"与谁同坐轩"，取自"与谁同坐？明月清风我"的诗句，与拙政园的园名呼应，意境深远，耐人寻味。

园林意境的生成、情景交融的设计离不开立意，立意是造园者思想意识的体现。每个人都是一定社会关系下的个体，作为个体意识的形象体现，任何一件艺术作品都不能脱离时代的政治、经济、文化背景，园林也一样。纵观中外园林的发展史，园林从设计思想到造景形式随着时代的发展而不断变化。在进行园林立意时同样不能脱离时代背景，不能背离时代和特定社会背景下人们对真善美的追求。只有符合时代发展规律、体现社会实践的前进要求，园林立意才能符合时代要求。

2. 园林布局

1）什么是布局

布局原意是指在下棋时从全局角度出发进行布子。在园林设计中，需要综合考虑绿地的功能定位，在相地的基础上，结合周边环境进行因地制宜的布局，将各园林要素按功能及艺术要求进行有机组织和总体布置。通过立意确定主题思想，而主题思想需要通过具体的景观形象来表达。立意与布局是园林艺术设计中内容与形式的关系，内容是核心，形式是内容的具体化，只有内容与形式高度统一，即园林布局能够充分地表达设计思想，才能使人触景生情，实现情景交融，因此，实现内容与形式的统一是园林艺术创作的目标。

2）园林布局的形式

园林布局是内容的直观体现，取决于园林绿地功能和性质。影响园林布局形式的因素还包括不同历史时期、社会经济和文化、园林用地条件（如地形地貌特征等）。园林布局的形式大致可以分为3种。

（1）规则式园林

规则式园林布局由几何式的线、面组成。规则式又分为规则对称式和规则不对称式。

①规则对称式　规则对称式的主要特征是有明显的轴线，园林要素在轴线两侧布置。规则对称式布局是西方古典园林的主要形式，文艺复兴时期意大利的台地园林、法国的古典主义园林都是规则对称式园林的典型代表。规则对称式园林具有对称均衡的美感，给人规整、庄重、严谨之感（图3-1）。规则对称式园林景观具有以下特征。

地形：地形规整，对地形的处理多以台阶、平台的形式，断面呈几何直线、折线的形式。

道路和广场：道路采用直线、折线或几何曲线形式；广场铺装呈对称的几何形。道路和广场共同构成几何式布局形式。

植物：植物种植多采用行列式或几何形的简单重复，植物形态往往被修剪成各种图案。

建筑：建筑多布置于轴线末端和轴线相交处。

水体：水体轮廓常为圆形、方形。水体驳岸采用垂直的规整式的驳岸。规则对称式园林中水景形式比较多样，除了几何形水池，还常用喷泉、叠水等形式。

②规则不对称　相比规则对称式的严谨、单调，规则不对称式布局虽然以几何式的线、面构成，但构图中不强调轴线，因此在布局上更加灵活多变，是现代园林中应用较多的布局形式（图3-2）。

图 3-1　规则对称式园林景观

图 3-2　规则不对称式园林景观

（2）自然式园林

自然式园林又称为不规则式、风景式园林。以中国古典园林为代表的东方园林多采用自然式园林布局。中国古典园林、日本古典园林是自然式园林的典型代表，如苏州拙政园和留园、承德避暑山庄等。自然式园林布局以体现自然美为主要思想，园林布局没有明显的轴线，整个布局以自由曲线为主（图3-3）。自然式园林具有以下几个特征。

图 3-3　自然式园林景观

①地形处理　自然式园林地形强调自然起伏变化。造园先"相地"，根据山水地形条件来进行总体构思和布局，"涉门成趣、得景随形"，造园要"相地合宜、构园得体"。地形设计要能够体现自然山水意趣，再现自然界地貌景观，达到"虽由人作，宛自天开"。在现代园林中，自然式园林的地形多为自然起伏的微地形，地形断面呈自然曲线。

②道路广场　道路平面线形为自然曲线，道路断面随地形自然起伏，广场铺装也为自然形而非几何形状。

③植物　植物种植以体现自然界植物群落之美为主，采用林植、群植、丛植、孤植等形式，植物配置呈高低错落、疏密有致的自然之态。不对植物进行规则的整形修剪，保留植物自然形态。花卉的种植则多为自然的花丛、花台等形式。

④建筑　自然式园林中，建筑布局不以轴线控制，布置灵活，注重与自然环境的协调。讲究随形就势、形势匹配，在不同的环境中采用不同的建筑形式，建筑空间与自然空间相互渗透。

⑤水体　在自然式园林中，水体模仿自然湖、池、溪涧、瀑布、跌水等自然水景。岸线采用自然斜坡或自然山石作为驳岸。

（3）混合式园林

混合式园林是指规则式和自然式相结合的园林布局形式。这种布局没有全园的轴线，只是局部采用规则式布局；或园中某些要素为自然式布局，而有些要素为规则式布局。例如，园路为自然式，铺装广场为规则式等；或是山水地形、植物配置为自然式，建筑及广场为规则式等。在现代园林设计中，混合式的布局更为常见，通常在主体空间或主要建筑周围，铺装广场为规则式，其余要素采用自然式布局。

3）园林布局的内容与要求

随着社会的发展，现代园林的大小、形式、类型和功能都更加多样，有些园林在内容与功能上有明确要求。

（1）确定园林布局形式

园林布局形式的确定首先要考虑绿地性质和功能要求，不同功能和性质的绿地对应相应的设计形式才能更好地发挥其功能。在进行设计布局时，必须先对绿地进行充分的分析与现状调研，了解绿地性质与特点、规范及设计要求等，才能更好地体现其性质与特色。通过对用地现状进行充分调研，了解绿地的功能要求及用地特点之后，明确设计立意，并确定设计的基本形式。如纪念性公园，多采用规则对称式设计形式，且通过地形的逐步升高来营造庄重肃穆、雄伟崇高的空间氛围。休闲公园则是以自然活泼、形式多样的布局形式来满足不同活动的需要。

园林布局形式还应考虑不同民族文化背景，如西方园林多采用规则式布局，而东方园林则多采用自然式布局。

（2）明确功能分区

功能分区是根据园林绿地功能需要和场地条件，以及不同绿地性质和功能需要，合理安排绿地中功能区的内容和位置。园林既是游览空间，又是承载各类活动的生活空间，因此，园林的功能分区在古今中外园林中都是首要解决的问题，特别是现代园林的开放性、公共性特点让园林空间中的活动类型更加多样，合理的分区布局对引导和组织游人活动、保证园林绿地功能的发挥至关重要。

分区设计主要内容包括功能区类型和位置、园区出入口等。绿地性质不同，其功能分区是不同的，如居住区绿地和城市综合性公园在绿地分类和性质上不同，其服务对象和功能要求不同，在功能区的内容上有明显的差异。绿地现状条件和周边环境也影响整个绿地的功能布局。在面积较小或总体定位功能较单一的绿地中，分区可以以景观特色和主题来划分。如一些面积较小的游园，常采用主题来分区。古典园林中的景观分区通常也是根据景观特色来进行分区，园林景观空间的特色和功能是相辅相成的。

（3）空间布局和组合

合理安排园中各空间的类型及组合方式，综合考虑空间的功能及特点，注意空间之间转承启合、开合收放、旷奥交替，形成良好的景观序列。

（4）道路系统

道路系统包括道路和铺装广场。道路系统的形式也决定着园林设计形式。道路系统是园林空间中的"线"，不仅是园中的游览路线，能组织交通，通过道路系统将各出入口、分区及景点组织成有机整体，还直接影响园林功能的发挥和观景效果。

（5）主景及配景

具有观赏价值并能独立成为一个单元的境域称为景点，如园中的建筑、小品、假山、大的孤置石等。景点设计也是体现设计立意、达到情景交融的重要形式。景点在整个园林景观中处于核心和焦点的位置，在园林观赏过程中，对景点的观赏是核心。在设计布局中要根据设计立意明确主景和配景，配合道路系统及功能布局，对景点进行系统的安排和布置。

（6）园林要素设计

园林布局需根据功能以及造景艺术的需要，在明确功能、主题及风格后，对园林地形、水景、植物、建筑小品、道路铺装等要素进行合理布置和设计。

🌿 任务实施

1. 经典园林立意及布局赏析

选取中外优秀园林各一个，对其进行立意及布局方面的赏析，之后师生进行讨论。

2. 城市某公园景观立意与布局分析

①选取某城市公园，制订调研任务及计划，填写表3-1。

表 3-1 任务分工

小组名称		调查场地名称		负责人	
任务分工		成员		任务	

②查阅资料，了解场地自然、文化背景。

③对公园景点的立意与布局进行调查与资料收集。要求采用正确的观察方法，确定不少于4个景点进行图片拍摄。

④分析公园中各景区或景点设计立意与布局特点，完成表3-2。

表 3-2 公园景观立意与布局分析

地块	景区（点）名称	设计立意	设计布局特点	平面图
地块1				
地块2				
地块3				
地块4				
……				

⑤选取城市公园某景点，进行风景画速写。要求：图纸大小为A4，表现方式不限。风景画需配上简短的文字描述作为对景点的解读。

📖 考核评价

姓名		任务内容		分析园林立意与布局							
序号	考核项目	考核内容	等级				分值			
			A	B	C	D	A	B	C	D
1	学习态度	态度认真，积极主动，调研仔细	好	较好	一般	较差	10	8	6	4
2	内容过程	选取场地具有代表性、典型性，记录过程认真，对调研资料进行科学的整理与分析	好	较好	一般	较差	20	16	12	8
3	综合能力	能准确、流畅表达并分析基本知识在设计实践中的应用，具有设计立意构思及布局应用赏析的能力	好	较好	一般	较差	30	25	15	10
4	学习成果	条理清晰，内容完整，对景观表达清晰准确、规范、美观	好	较好	一般	较差	25	20	15	8
5	能力创新	立意创新，设计表现突出	好	较好	一般	较差	15	10	8	4
合计得分										

任务 3-2　学习园林空间的营造

任务目标

【知识目标】

1. 了解园林空间的分类。

2. 熟练掌握园林空间序列的形式。

3. 理解园林空间在园林设计中的营造方法。

【能力目标】

1. 能够对开敞空间、封闭空间和半开敞空间等空间类型进行灵活运用。

2. 能够熟练应用串联式、环形式、中心式、组合式等园林空间序列形式。

3. 能够根据园林空间设计的原理，分析及运用空间分隔、空间对比与变化、空间渗透与流通等设计手法。

【素质目标】

1. 培养自主学习能力、团队合作能力、语言表达能力。

2. 培养对自我及别人的认同感、相互欣赏和互相学习的态度。

3. 提高对专业的热爱以及举一反三的学习能力。

4. 培养专业责任意识。

5. 引导进行专业探索及思考，将人与自然和谐共生理念融入专业中。

任务描述

1. 分析经典园林的空间布局。

2. 赏析经典园林的空间序列与设计。

3. 结合实地调研，分析某公园的园林空间序列与设计。

任务分析

针对本次任务，首先要进行大量调研工作，对背景知识进行相关研究，并收集经典园林的相关图片、视频及具体位置。其次，学会分析其园林空间的类型，之后通过整理与提炼，对经典园林的空间布局进行分析，对经典园林的空间序列与设计进行赏析。最后，以园林空间的设计手法等内容作为基础，指导学生结合园林空间序列的形式，培养其自主学习的能力，选择某公园进行实勘，对其园林空间序列与设计进行分析。

🍃 知识准备

1. 空间的概念与产生

1）什么是园林空间

"空间"源自拉丁文中的spatium，是一个抽象的概念。在建筑学的范畴内，相较于实体的概念，空间是指由实体边界如墙、围栏、门窗等划分或围合的虚的存在。园林空间与建筑空间类似，是园林艺术形式存在的一个基本概念，是由各种不同的实体要素（如水体、建筑、植物等）围合划分出的虚化领域，实体要素的围合既保证了空间的使用功能，又体现出了内部空间的形式，二者相辅相成，既对立又统一。

2）空间的产生

空间的本质在于其可用性，即空间的功能。没有参考比例的开放空间不会成为空间，然而，一旦被添加并与物理对象相结合，它就会形成一个空间。可容纳性是空间的基本属性，"地""墙""顶"是构成空间的三要素（图3-4）。地面是空间的起点和基础；墙壁因地面而竖立，或分隔空间，或封闭空间；顶部是用来遮风挡雨的。与建筑内部空间相比，顶部在外部空间中的作用较小，而墙壁和地面的作用更大，因为墙壁是垂直的，通常更容易触及。空间的存在和特征源自空间的构成形式和因素。空间在一定程度上具有构成要素的某些特征。顶部和墙壁的透气性决定了空间是否存在。地面、顶部和墙壁的线条、形状、颜色、纹理、气味和声音则综合决定了空间的质量。因此，首先要抛开地面、顶部、墙壁这些元素自身的特点，只考虑其空间方面，再考虑元素的特征，这些特征能够准确地表达空间的特征。

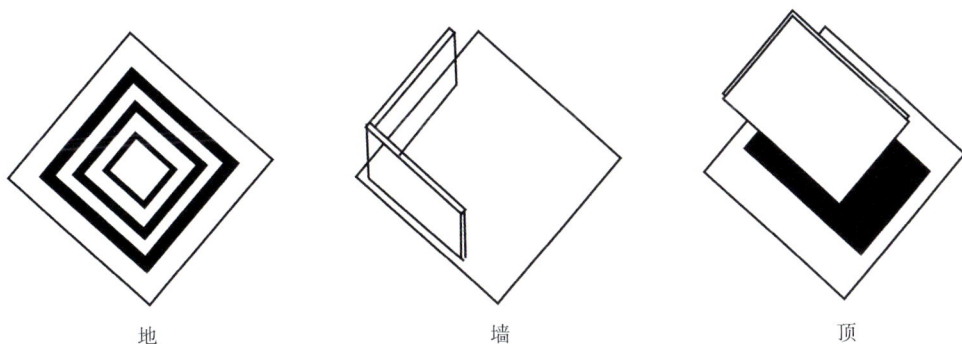

地　　　　　　　墙　　　　　　　顶

图 3-4　构成空间的三要素

2. 园林空间的界定和分类

1）园林空间的界定

园林空间与自然空间不同，是一种相对于建筑物的外部存在，是指在人的视野范围内由植物、水体、地形、建筑、山石、道路等各园林要素组成的立体空间。在园林中具体表现为植物空间、道路空间、园林建筑空间、水体空间等。这些空间既相互封闭，又相互渗透，既静止，又流通，包括平面的布局，也包括立面的构图，是一个综合平面、立面艺术处理的三维概念，并通过不同的组织方式，形成丰富的园林空间序列。作为外部环境，它既是艺术空间，也是生活空间，并随着时间和季节的不同而变化。园林空间既是一种具象的物质空间，又是一种精神空间，"天人合一"的观念赋予了园林空间象征性的表意要求，同时，人与环境的关系也成为空间所蕴含的特征之一。

2）园林空间的分类

空间限定是指空间中的各要素对空间的围合程度，主要受空间垂直因素影响。空间限定有两个特征：开敞和闭合。由于人对空间的感知很大程度上由其开敞和闭合的程度决定，根据空间的边界对空间的限定程度，将园林空间分为3种类型：开敞空间、封闭空间和半开敞空间（图3-5）。

开敞空间　　　　　　　封闭空间　　　　　　　半开敞空间

图 3-5　园林空间类型

（1）开敞空间

开敞空间的围合程度较小，通常采用虚面构成空间。开敞空间是外向性的，限定性和私密性较弱，强调与周围环境的交流、渗透，讲究对景、借景、与大自然或周围空间的融合，它可提供更多的景观和扩大视野。在使用时，开敞空间灵活性较大，便于改变空间布置。在心理效果上，开敞空间通常表现为开朗、活跃，人在开敞空间里会感到轻松，在景观关系和空间性格上，开敞空间也是收纳性的和开放性的。

（2）封闭空间

封闭空间的围合程度较大，常采用限制性较高的材料围合空间，阻隔视线与周围空间的流动和渗透，在感官上形成强烈的阻隔和封闭。封闭空间是内向、收敛的，其空间的布局相对固定，难以进行大规模的改变。人在封闭空间里会感到很强的领域感、私密性和安全感。但是过于封闭的空间往往显得单调、沉闷，所以私密程度要求不是特别高时可降低它的封闭性，增加与外界的联系与渗透。

（3）半开敞空间

半开敞空间的围合程度介于开敞空间和封闭空间之间，与开敞空间有相似的特性，但开敞程度较小。半开敞空间一般具有明确的方向性，它的一面或多面由限制性较高的材料围合，具有一定的视线导向性，对游人的视线有较好的引导作用。

3. 园林空间序列

1）园林空间序列及其特点

园林空间序列是由多个园林空间排列组合而成的，在进行园林空间的划分时，会根据各景区的用途和功能等来安排各个空间的先后顺序。人们只能体验一个空间区域，但随着时间推移和行走路径的变化，所看见的视觉界面也发生变化，进而形成一系列连续景象，最终让游人产生对园林序列空间的行为感受体验，是游人在游览路线上所感知到的整体景观效果。这种序列是一种富有韵律感和美感的协调的整体空间组合。从开敞到封闭，从明到暗，从大到小，从喧嚣到宁静，通过不同空间感受及景物的疏密对比打破单调感，使空间具有层次感，形成序列。例如，南宁青秀山风景名胜旅游区利用不同的空间形成了丰富的景观层次，构成亲水、戏水、乐水的山水文化，

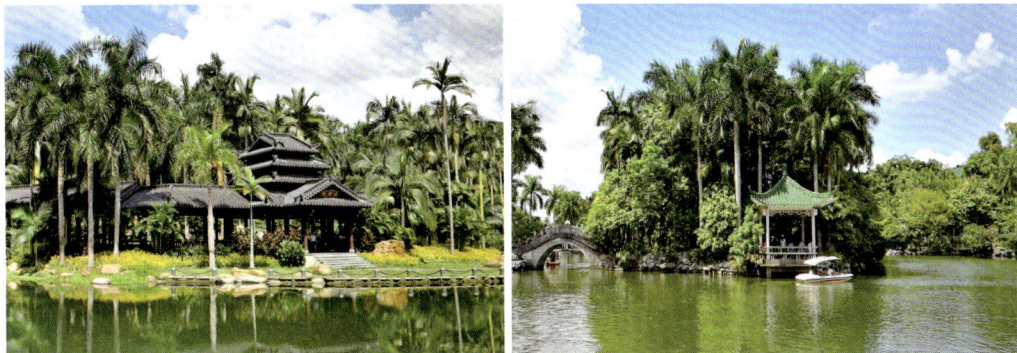

图 3-6　南宁青秀山风景名胜旅游区

用山水体系和植物林冠线来分隔中景区和小景区（图3-6）。通过一系列空间序列的安排，使园区内外空间相互渗透，形成了分山分水的处理手法，创造了丰富的景观。同时突出园区主要景观，用主要景观控制每个层次的景区，从而使全园都处于一个统一的氛围中，形成一个完整的园林空间。

2）园林空间序列形式

　　游览路线是园林空间序列的物质载体，园林空间序列的组织体现在整体游览路线的组织，通过路线的组织，将园内景物等串联起来，进而组成完整的空间序列。根据游览路线组织形式的不同，可将园林空间序列归纳为4种：串联式、环形式、中心式、组合式（图3-7）。

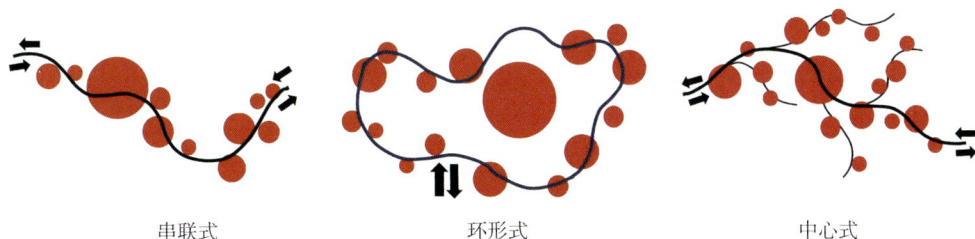

串联式　　　　　　　　　　　　环形式　　　　　　　　　　中心式

图 3-7　园林空间序列形式

（1）串联式

　　串联式空间序列是指园林序列的空间单元沿着一条轴线依次展开，呈串联形式，具有较为明确的方向感。这种空间序列形式与宫殿、寺庙、民居等严格对称的形式不同，讲究步移景异，游览者的行进路线、所见之景皆是连续不断的，层次变化丰富，引人入胜。例如乾隆花园，其空间范围是一个南北走向的狭长地域，这个条件对造园来说十分不利，但乾隆花园在设计上布局十分得体，沿南北轴线依次排列四进院落，是典型的串联式园林空间序列形式（图3-8a）。

（2）环形式

　　环形式空间序列具有较明确的视觉中心，园林空间沿其四周布置，所形成的序列表现为一个闭合的环形。该空间序列的特点是，园林中大多数的建筑物沿周边布置，

a. 北京故宫乾隆花园

b. 苏州留园

c. 承德避暑山庄

d. 北京颐和园

图3-8　空间序列在园林中的应用

中间围成一个面积较大的中心空间，中心空间通常设置水池，形成一种向心凝聚感，中心空间周围又以轴线组织游览路线，串联起水面周围的山石、植物和建筑。如苏州网师园、留园等（图3-8b）。

（3）中心式

组织园林序列空间单元的轴线呈枝状分布，除了主要空间轴线将主要空间单元串联起来外，还沿着主轴派生出多个次空间轴线。该空间序列的最大特点是以主要空间为中心，其他次空间围绕布置，人们自入口经引导进入主要空间，再到达周围次空间。承德避暑山庄的"梨花伴月"正是这种空间序列的典型代表（图3-8c）。

（4）组合式

组合式空间序列是将上述3种空间序列结合起来，使园林空间层次更加丰富。组合式空间序列常用于大型园林。若大型园林只用一种空间序列形式，其空间丰富性就会降低，而根据不同的位置、地形选择不同的空间序列形式，就能使人们在行进过程中的空间感受更加丰富多样。如皇家园林中的颐和园（图3-8d）。

4. 园林空间的设计

园林设计中的空间设计是指通过不同的手法营造出想要的空间，这些手法通常包括空间分隔、空间对比与变化、空间渗透与流通。

1）空间分隔

空间分隔是利用事物将空间分隔成不同的小空间。在园林空间设计中，一般有虚隔和实隔之分（图3-9）。虚隔是在两个空间互不影响的前提下，有互通气息要求者，如利用廊道、透景窗、稀疏的种植、水面等进行分隔。实隔则是将两个性质、用途、风格等不同，需要明确区分的空间，利用实墙、构筑物、山体、密植等进行空间分隔。空间分隔的层次还可以通过调整植物高低来展现，如利用灌木分隔小空间，利用高大乔木对小空间整体进行再分隔。利用各园林要素进行空间分隔能够增加园林整体的层次感，使多面的园林景观不显杂乱、井井有条，体现了极强的规划性。

虚隔 　　　　　　　　　　　　　　　　　实隔

图 3-9　空间分隔在园林中的应用

2）空间对比与变化

园林设计通常是利用对比的手法来体现的，展现了不同事物之间的变化之美。空间的对比变化带给人们的视觉感受更加灵活、更加强烈，利用园林各要素的特性能够使园林空间产生不同特性。如在交错的空间上，利用各园林要素来增添空间的交错感，使之产生收放自如的艺术效果，给人们一种"柳暗花明又一村"的视觉感受。在较为开阔的空间，根据设计主题，通过改变各园林要素的高度与密度来改变空间的明暗效果（图3-10）。空间对比艺术能够丰富园林的多变性，增添园林景观的趣味性，使之更具有吸引力。

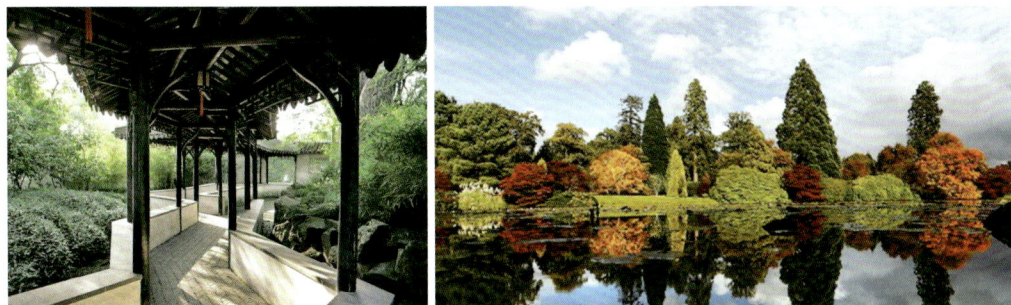

图 3-10　空间对比与变化在园林中的应用

3）空间渗透与流通

空间的渗透与流通能够协调过渡不同小空间，增强小空间之间的整体联系。一般情况下，使用高大植物对不同的空间进行限制分隔，合理规划分隔植物的密度，使其成为半开半放的透视空间，能让人们在一个小空间内与其他空间产生视觉联系，展现若隐若现的含蓄之美，增添整体空间的连续性。另外，对于一些较有特色的园林景观，可以利用空间的渗透对景色进行远借、近借、互借等，丰富画面整体美感，同时增添园林空间的深度与宽度，拓展空间的视觉维度（图3-11）。

园林空间是园林设计的主体，它作为理想场地担负着实现人与自然和谐统一的目标，是设计者设计手法的最高体现。只有充分认识园林空间的意义、了解其类型和设计要点，才能做出高水平的园林设计，创造既充满感染力又具有生态效益的园林景观。

图 3-11　空间渗透与流通在园林中的应用

🍃 任务实施

1. 城市某公园园林空间调查与分析

①选取某城市公园，制订调研任务及计划（表3-3）。
②建立正确的观察方法，确定不少于4个场地进行图片拍摄。
③提前查阅资料了解场地基本情况。
④对公园进行调查与资料收集。
⑤分析公园的园林空间序列与设计，完成表3-4。

表 3-3　任务分工

小组名称		公园场地名称		负责人	
任务分工		成员		任务	

表 3-4 城市某公园的园林空间序列与设计分析

公园场地	基本概况	平面图	空间示意图	园林空间类型	园林空间序列与设计
场地1					
场地2					
场地3					
场地4					
……					

⑥绘制公园园林空间序列分析图。要求：图纸大小为A3，表现方式不限。分析图需配上简短的文字描述作为对园林空间序列的解读。

2. 经典园林空间序列与设计赏析

①浏览经典园林的图纸、视频，了解其基本情况。

②分析经典园林的空间类型与形式，对其园林空间布局进行解析，并对经典园林的空间序列与设计进行赏析，掌握其特点，最终完成表3-5。

表 3-5 经典园林空间序列与设计分析

园林名称	园林空间类型	园林空间形式	园林空间布局	园林空间序列与设计
园林1				
园林2				
园林3				
……				

③绘制经典园林空间序列分析图。

⬤ 考核评价

姓名		任务内容	学习园林空间的营造							
序号	考核项目	考核内容	等级				分值			
			A	B	C	D	A	B	C	D
1	学习态度	认真负责，积极主动	好	较好	一般	较差	10	8	6	4
2	内容过程	选取场地具有典型性，调研过程认真，收集充足的图片，并能进行细致的整理与分析	好	较好	一般	较差	30	25	15	10
3	综合能力	通过调研场地已有的相关信息，进行提炼和演绎，分析总结	好	较好	一般	较差	35	30	20	10
4	学习成果	分析成果表达规范，内容完整、真实，具有较强的参考性	好	较好	一般	较差	25	20	15	8
合计得分										

任务 3-3　学习园林造景的手法

任务目标

【知识目标】

1. 深刻理解中国传统自然山水审美观的形成和发展历程。

2. 深刻理解中国传统山水绘画的构图审美要求。

3. 熟练掌握园林设计中景观空间的营造方法。

4. 理解东方园林系统中"意境"审美的内涵。

5. 熟练掌握现代园林景观空间设计中的常规手法。

【能力目标】

1. 会对园林景观进行空间分析和审美评价。

2. 能够熟练应用借景、对景、框景、夹景、漏景、障景、题景等造景手法对景观空间进行规划布置。

3. 能够根据现场空间环境条件对园林景观空间进行布置和塑造。

【素质目标】

1. 培养发现自然美、品鉴园林美的艺术修养。

2. 培养对空间的体量分析、尺度感知的基本能力。

3. 培养团队合作意识。

4. 培养空间塑造、景观规划能力。

5. 加深对中国古典园林和中国传统文化内涵的理解,深刻领悟文化自信和制度自信的内涵,激发传承与弘扬中华优秀传统文化。

任务描述

1. 通过对设计地块进行实地踏勘、调研,完成现场环境分析报告,总结归纳设计的有利因素和不利因素,结合设计地形环境条件,营造景观空间布局,提出对设计方案的合理化建议。

2. 选取校园环境、城市公园等特定类型的设计项目进行环境空间分析,引导学生思考环境空间特点和设计要求,将园林造景的常用手法运用于实际设计项目。

任务分析

针对本节任务,先学会欣赏中国传统山水画的构图和意境,进而了解中国传统自然审美观的形成和发展历程,深刻体会东方文化中包含的"欲扬先抑""欲说还休""犹抱琵琶半遮面"的审美境界。通过对空间环境的设计分析,结合设计目的,对地形、山石、建筑、植物和水体等设计要素进行合理布置搭配,运用传统园林造景手法,做出合理可行的设计方案,并能对创意过程进行分析讲解。

工作过程强调小组协作,要求以小组为单位,对校园景观和城市公园环境等目标设计地块开展团队调研和小组讨论等,充分调查、研究、参考同类型设计项目,在保证设计方案合理的前提下大胆创新、勇于实践。

📗 知识准备

1. 中国传统自然山水观的形成和发展

1）自然山水观的形成

　　自然，最初是指原始的、野蛮的、没有人为因素参与其中的神秘自然界。在原始社会的自然中，自然环境是充满危险和未知的世界。

　　先秦古籍《山海经》描绘了一个光怪陆离的上古世界，包括地理、文学、神话、动物、医学、宗教、天文、农业等，通读全书可以感受神州大地幅员之辽阔，见识山川物产之丰饶，更会为里面诡丽奇谲的自然世界所瞠目（图3-12）。书中，在人类文明的发展进程中，人类试探性地一次次走进外部世界，获取生活资源，拓宽活动范围；同时，那里又为"怪力乱神"所主宰，连山川木石都是超自然的存在，栖居其中的动物在外形、叫声上均异于内部世界，成为时刻危及人类生存的妖魔化身。在虔诚仰慕并企图利用大自然之余，人类对神秘而又神圣的未知世界充满了敬畏。循着对善灵瑞兽的正面想象，人类赋予自身走向自然的合法性和心理慰藉，而怪力乱神的负面想象又恰如其分地给予人类种种约束，避免因过度索取而对自然造成严重破坏。

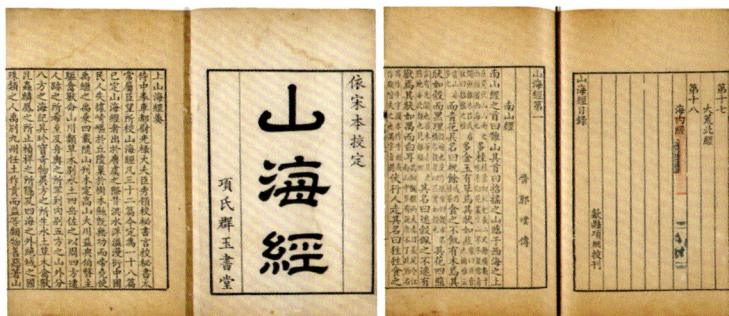

图 3-12　《山海经》

　　在对未知世界充满好奇的探寻和恐惧矛盾中，原始的自然地理科学——风水术产生了。它既能体现中国人阴阳和谐、天人合一的宇宙观念，又能对民众寻求生存空间、布置生活格局产生实际作用。在古代社会，风水通常被动地与个人运势、家庭盛衰和宗族繁衍相关联，甚至被认为会影响帝国兴亡，一切美好的期望都寄托于风水的选定、维系与改变。这种宇宙观念及现实需求的直接结果，就是人们越来越重视风水环境营造，试图通过栽树遮蔽、引水通渠等具体方法，去争取风水宝地，有些村落及宗族之间甚至因为"争风水、护风水"产生了激烈的社会冲突。人们对风水的迷信、对未知的恐惧、对不能完全掌控自身发展的无力感强化了风水观念的传播和影响，这种影响至今仍然存在。同时，风水实践在客观上也产生过积极影响。清代湖南虞陵，正是由于民众囿于风水观念，才让当地丰富的铜矿资源没有遭到过度开采和破坏；吉林长白山，因"龙兴圣地"被列入皇家禁地，使得东北原始森林得到保护。很多存在于古城、古镇和古村落的古树、林地乃至地形布局也因被看作关乎本地及族群运势发展的关键而得以保护和流传。

风水实践从某种角度可以看作是民众主动争取同自然世界和生活环境相互融合的外在表现，人们对自然的敬畏，客观上形成并塑造了传统人文景观的生态美学，营造了人类生活与自然和谐统一的生态环境。

2）自然山水观的发展与审美要求

受囿于神话传说的影响，早期的山林居住者多为僧、道、隐士。从佛教在中国传播开始，僧侣就和山紧密联系在一起，寺庙与山林（尤其是名山）之间的密切关系是中国佛教的一大特色。道教的情况也类似，还有隐士——他们是理想主义者，集知识文化和品德修养于一身，是历代中国文人的道德榜样和精神偶像，他们吃得了苦，是开辟山区的先锋，对自然山水的经验比普通大众真切得多。这种"经过文明修饰过的自然"是充满了神秘和浪漫的乌托邦之地，是世人心向往之所在。

周维权先生所著《中国古典园林史》认为，中国园林审美思想来源主要有三：天人合一，君子比德，神仙思想。自魏晋以后，社会混乱，战争频繁，人口锐减，百姓生活苦不堪言。曹操在《短歌行》中感叹："对酒当歌，人生几何！譬如朝露，去日苦多。"大量知识分子和社会精英将志趣转向山林，或避世修身，或专心学问，促成了山水审美观的大转变。山林生活太清苦，于是文人园林的修建在追求山林野趣审美和城市便利生活之间形成了平衡。士大夫阶层在自己具体的生活环境中营造出富有自然气息、远离权势尘嚣的居住氛围，彰显了崇尚自然风貌的士人园林特点。中国古典文人园林之所以能够通过山水建筑等并不复杂的景物营造出具有独特魅力的艺术境界，还因为在中国士大夫文化中，园林并不仅仅是一些单纯的观赏景物和游赏处所，更是士人寄托和表现自己哲学观和宇宙观的媒介。所以当这些看似简单的山水建筑被按照一定的哲学理想组合在一起以后，也就必然具有超脱世外、闲云野鹤、淡泊宁静的深致韵味（图3-13）。

图 3-13 《山居图》（元代 钱选）

2. 传统造景手法

1）借景

中国传统私家园林往往用地有限，要在有限的空间中摹山画水，再现山林野趣，就需要借景。借景是中国造园艺术的常用手法，其重点在"借"，通过精心选址和赏景角度安排，把园林范围之外的风景也纳入自己的景观体系中，从而扩大视觉空间，使得有限的园林可以有多层次的远景作为依托。除了借山水、动植物、建筑等实景外，还可借天文气象、鸟叫虫鸣、流水淙淙等虚景。

（1）借景的方法

借景作为一种理论概念被提出来，始见于明末著名造园家计成所著《园冶》一书。计成在"兴造论"里提出了"园林巧于因借，精在体宜""泉流石注，互相借资""俗则屏之，嘉则收之"，意思是说周围的风景如果比较差，就尽量用围墙、树丛进行遮盖；如果有好的景致，特别是山峰、宝塔、古寺，就想办法收入眼底。如苏州拙政园远借北寺塔；北京颐和园的"湖山真意"远借西山为背景，近借玉泉山，在夕阳西下、落霞满天时赏景，景象曼妙。这些造园手法都有意识地把园外的景物"借"到园内视景范围中来，起到延伸景观视线、升华游览性质的妙用（图3-14）。借景方法大体有3种。

①开辟赏景透视线 对赏景的障碍物进行整理或去除，如修剪掉遮挡视线的树木枝叶等。在园中建轩、榭、亭、台，作为观景点，仰视或平视景物，纳烟水之悠悠，收云山之耸翠，看梵宇之凌空，赏平林之漠漠。

②提升观景点的高度 使视线突破园林的界限，取俯视或平视远景的效果。在园中堆山，筑台，建造楼、阁、亭等，让游者放眼远望，以穷千里目。

③借虚景 如朱熹的"半亩方塘"，圆明园四十景中的"上下天光"，都俯借了"天光云影"；上海豫园中花墙下的月洞，透露了隔院的水榭。

图3-14 借景

（2）借景的种类

借景可分为远借、邻借、仰借、俯借、应时而借等。

①远借 在空间内看远处的景色，如巍峨的山峦、开阔的水面等，适合应用于大型的空间中，强调与自然相融合。

②邻借 是指引入一些景观放入室内，小到植物、盆栽，大到假山、假瀑布等，使空间更加丰富多彩。

③仰借 现代的空间内常见的设计手法就是开天窗，这不仅能为室内空间增添自然采光，还能观赏日出、日落、晚霞、星空甚至是极光等。

④俯借 相对于仰借，俯借指俯瞰景色，天井小院就是最常见的俯借形式。在天井中精心布置一番，引入绿植、石头等，从高处俯视欣赏其景。

⑤应时而借 这主要是借气象景观或者植物景观的动态变化，通常使用天窗、大面积的落地窗或者玻璃墙，在室内体验室外四季和昼夜的变化。

2）对景

对景是中国传统园林常用的造景手法之一。在园林空间布局中，综合运用各景观元素，如园林建筑、花木、山石、水体等，设置观赏点，从甲观赏点看乙观赏点，从乙观赏点看甲观赏点的构景方法，叫作对景（图3-15）。对景能让园林内某两个空间节点互为风景，形成多维度、多层次的景观空间，收到增加游赏趣味、丰富观赏内容的效果。诗人卞之琳《断章》："你站在桥上看风景，看风景的人在楼上看你。明月装饰了你的窗子，你装饰了别人的梦。"将人生哲理与诗歌意象融合起来，富于象征性的画面使人产生无限遐思和隽永的美感。

图 3-15　对景

传统园林中主要的对景，往往设置在主厅堂处，厅堂面池（厅堂前一般有月台），池的另一侧堆叠山石，厅堂与池山便是对景关系。如苏州留园，涵碧山房与假山上的可亭隔池相望，构成了一组对景。遥想昔日主人坐于厅内，观览假山孤亭，亦可登临可亭，回望涵碧山房。江南四时之美，皆在此处静观自得，诚可谓坐忘天地之佳处。

中国古典园林常用的对景手法主要有以下几种。

（1）利用空间大小的对比

中国古典园林中，一般把居住建筑贴边界布置，而把中间的主要部分让出来布置园林山水，形成主要空间；在这个主要空间的外围伺机布置若干次要空间及局部性小空间；各个小空间再与主要空间联系起来。这样的构景方法，可使景物既各具特色，又主次分明。在空间的对比中，小空间烘托、映衬了主要空间，主要空间更显其大。

（2）选择合宜的建筑尺度

建筑在庭院中占的比重较大，因此，在较小的空间范围内，一般均取亲切近人的小尺度，景物体量较小；有时还利用人们观赏物体"近大远小"的视觉规律，有意识地压缩位于山顶的小建筑的尺度，造成空间距离较实际状况略大的错觉。

（3）增加景物的景深和层次

传统造园手法中，对景经常利用水面的长方向，在水流的两面布置林木或建筑，形成两侧夹持的形式。借助水面闪烁无定、虚无缥缈、远近难测的特性，从流水两端对望，无形中增加了空间的深远感。另外，为了扩大空间感受，在景物的组织上，一方面运用对比的手法创造最大的景深，另一方面运用掩映的手法增加景物的层次。

3）框景

框景是园林的构景方法之一，常利用门框、窗框、树框、山洞等，有选择地摄取空间的优美景色，形成如嵌入画框的图画式造景方式，有"尺幅窗"和"无心画"的说法，是中国古典园林中最具代表性的造园手法之一。这就像摄影者窥框取景一样，利用建筑物框架、空窗、洞门、廊柱围拢等封合的图框，套住某处景色，四周有明确界线，给人以画面感（图3-16）。框景可分为入口框景、端头框景、流动框景、镜游框景、模糊框景等多种形式。

图 3-16 框景

最常见的是镜游框景，它是以园林建筑的各式门和窗框起的景色，采用"实框虚景"的造景手法，达到空间虽有分隔、风景却仍通透之效果。明计成所著《园冶》中记载："藉以粉壁为纸，以石为绘也。"清代戏剧家、造园家李渔也在随笔《闲情偶寄》中写道："窗棂以明透为先，栏杆以玲珑为主。"

模糊框景又称漏窗，它是在窗内装有各式的窗格或砖瓦拼成的各式图案，窗外的风景依稀可见但又不甚清晰，具有一种"似实而虚，似虚而实"的模糊美。同时，漏窗本身也有一定的审美价值，阳光照射下，窗影投射到白墙和地面，别具美感。

框景在园林中的应用形式，主要有以下3种。

（1）敞式或半敞式建筑物内的落地罩、挂落等形成的框景

如苏州拙政园东部的芙蓉榭，即半敞式的建筑，西端紧挨着一泓清流，蜿蜒远去，河中种植有荷花。建筑物内，离水面近处，有一长方形的落地罩，东侧有一圆光罩。盛夏时节，荷叶满池，接天莲叶无穷碧，红绿若染，如画一般，连同河边的木芙蓉一起装进了落地罩和圆光罩的框架内。游客站在围墙下，自东向西望，眼前的景色恰如清丽、雅洁的国画。

（2）藤蔓、树木枝条等形成不规则形状的框景

如留园小蓬莱前、濠濮亭旁，繁藤垂延，与张扬的树干枝叶合围，形成不规则的框架，画面呈现的是清澈水面和游鱼跃动，以及涵碧山房、明瑟楼等建筑组成的舟形倒影，美不胜收。

（3）通过空窗、月洞门等形成的框景

如中国园林博物馆片石山房仿园里的一幅"竹石图"，用一个窗宕子，将幽竹数枝、石笋点缀、黄杨秀枝收入框架中的"画卷"，十分养眼。

中国古典园林中框景艺术的运用以人为本，根据人的视线特点和游览行为，移步换景，在有限的空间内创造无限的景观，它们像一个个律动的音符，将观赏者的情感表达与古典园林的诗情画意串联在一起，形成别具韵味的中国独有的景观艺术。

4）夹景

有时在水平方向视界较宽，但景观效果缺乏亮点，为突出主景加强景深，在主景前用植物、断崖、墙垣、建筑等形成两侧夹峙，起到隐蔽视线、屏蔽左右两侧单调景色的造景手法，称为夹景（图3-17）。夹景运用轴线、透视线突出景观视线焦点，增加园景的深远感。所谓"曲径通幽处，禅房花木深"，道路两侧花木繁盛，拱卫着道路，着重强调禅房，起到先抑后扬的效果，提升游兴。若只有一条路、一间禅房，景致一目了然，便会黯然失色。

图 3-17　夹景

5）漏景

漏景是从框景发展而来。为使景色含蓄、富于变化，借助于窗花、树枝、门洞、窗框产生似隔非隔、若隐若现的效果，称为漏景。这是典型的东方审美意境，诚如中国人含蓄的性格，既要"藏"，又要"漏"。在中式园林建筑中，漏景可以用漏窗、漏墙、漏屏风、疏林等手法。漏景的形式也是多样的，有规则的圆形、矩形，也有不规则的形状，还有的由植物组成，在中式园林中随处可见。植物本身就是组成漏景的一部分，片叶之间，随风摇动，亦是一种隐约之美（图3-18）。

图 3-18　漏景

6）障景

障景又称抑景，是一种抑制视线、引导空间的造景手法，主要为营造"欲说还休""庭院深深""犹抱琵琶半遮面"的园林意境（图3-19）。中国传统文化讲究含蓄，园林造景也避讳"一览无余"，不会让人一进门就看到最好的景色。往往"先藏后显""欲扬先抑"，暂时将园林中的景致隐藏起来，随着游人步履移行，园林风景徐徐展开。在游路或观赏景点上设置山石，利用照壁和花木等挡住视线，从而引导游览方向和景观视线。障景使园林增添"藏"与含蓄，园路上的障景起到空间引导和增添景致的作用。重要景观前的障景既有空间暗示作用，也有先抑后扬的观赏效果。景观节点既可用于分景，也可用于空间的象征与过渡。

图 3-19 障景

障景按照位置不同有入口障景、曲障等形式。入口障景就是位于入口处，是为了达到欲扬先抑、增加层次、组织人流、障丑显美等目的而设置的。曲障通常应用于宅园，要经过转折的廊院才来到园中。中国人的审美观建立在传统的文化心态与文化熏陶的基础上，带有东方文化的特色及审美意识。中国人的传统审美讲究含蓄、朦胧、模糊，虚、空、静、深。而园林景观中的障景能够激发审美者的好奇心和想象力，欲拨开景观的层层面纱一探究竟的冲动。

园林空间中总有些不足、不完美的地方，需要进行遮挡，利用山石、花木加以掩盖或者进行处理，也可以形成观赏效果，如上海豫园的鱼乐榭有一处上实下空的墙，这个墙就遮挡了原来流水较近的一个短处，产生了流水源远流长的效果。

7）题景

在风景园林空间布局中，除了主景定位外，与主景和主景区有直接和间接视线联系的部位，如山顶、山脊、山坡、山谷、水中、岸边、瀑侧、泉旁、溪源以及既在风景视线上又处于视线控制地位或景区转折点部位，经常利用山石、植物、建筑和雕塑等景物，以打破空间的单调感，增加意趣，起到点景作用。

景点由多类型景观元素组成。园林艺术本身就是一种综合性的造景艺术，由门类众多、更具体的艺术类型组合而成。山景、水景、花木、建筑小品（如花石基座、栏杆、铺地、砖石雕等）等景点，根据景致特点、效果，结合空间环境的意象和历史进行高度概括，做出形象化、诗意浓、意境深的园林题咏。其形式多样，有园额、对联、石碑、石刻等（图3-20）。题咏的对象更是丰富多彩，无论是亭台楼阁、大门小桥、假山泉水、名木古树，还是自然景象，大至园林小如景点、建筑，皆可题名、题咏，如颐和园、知春亭、爱晚亭、南天一柱、迎客松、兰亭、花港观鱼、碑林等。不但丰富了景的欣赏内容，增加了诗情画意，点出了景的主题，给人以艺术联想，而且有宣传装饰和导游的作用。各种园林题咏的内容和形式是造景不可分割的组成部分，我们把创作设计园林题咏称为题景手法，它是诗词、书法、雕刻、建筑艺术的高度融合。

图 3-20　题景

　　景名习惯上由二至四字组成，四字更易于表达一个完整的意思。此外，由于古文讲究行文对仗和押韵，所以一些景区就有了充满文学气息和朗朗上口的好名字，提高了知名度。这固然是因为实景优美，但不可否认，一个充满诗情画意的好名字会起到画龙点睛的作用，其对景点的"包装"和影响力传播作用是不容忽视的。在一些历史悠久、人文景观资源比较丰富的风景区体现得更为明显，经过长期的传诵已家喻户晓，成为一种标识性的景观和文化符号，如"西湖十景""避暑山庄七十二景"等。

🍃 任务实施

1. 经典园林造园手法赏析

　　①每人选取一个经典园林，通过查阅资料，对其造园手法进行分析。
　　②师生互动，对园林造园手法进行讨论。

2. 校园景观的园林造景手法调查与分析

　　①分组制订调研任务及计划（表3-6）。需建立正确的观察方法，确定不少于4个场地进行图片拍摄。
　　②校园景观图像收集。根据校园环境景观特点，选取教学区、生活区、活动区等不同区域，确定不少于3个景观空间节点进行调查。

表3-6　任务分工

小组名称		调查场地名称		负责人	
任务分工		成员		任务	

③通过自身感受和问卷形式调查校园不同使用人群的主观感受，分析景点设计的优缺点以及造景手法的应用，完成表3-7。

表3-7　校园空间景观效果调查

功能分区	景观特点	造景手法	设计优点	设计缺点	改进措施
地块1					
地块2					
地块3					
……					

3. 校园景观的园林造景特点剖析

调研不同类型的校园，如小学、中学、大学等，剖析校园景观是如何根据学生年龄特点和学校类型进行场地空间规划和景观节点设计的，所得结论以PPT方式进行小组汇报。

4. 分析城市某公园的园林造景手法

①了解公园的历史、建设背景和公园概况，调查该公园辐射半径和等级。
②通过对游人行为的观察和调查问卷，结合自己的感受判断，分别选取3个人流量较大和较小的景观节点，对比分析游人多和游人少的原因，进一步类比、分析场地规划布局、空间特点和造景手法。
③总结何种景点更受游人欢迎及其具体原因，最终以调查报告的形式提交。

🍃 考核评价

姓名		任务内容		学习园林造景的手法							
序号	考核项目	考核内容		等级				分值			
				A	B	C	D	A	B	C	D
1	学习态度	实训认真，积极主动		好	较好	一般	较差	10	8	6	4

（续）

			好	较好	一般	较差				
2	内容过程	选取场地具有代表性、文化性和艺术性，记录过程认真，能够对数据进行科学的整理与分析	好	较好	一般	较差	25	20	15	8
3	综合能力	能对图片进行分析和总结，将其转化为设计分析图和调研报告	好	较好	一般	较差	40	32	24	10
4	学习成果	成果表达规范，内容完整、真实，具有较强的可行性	好	较好	一般	较差	25	20	15	8
合计得分										

小　结

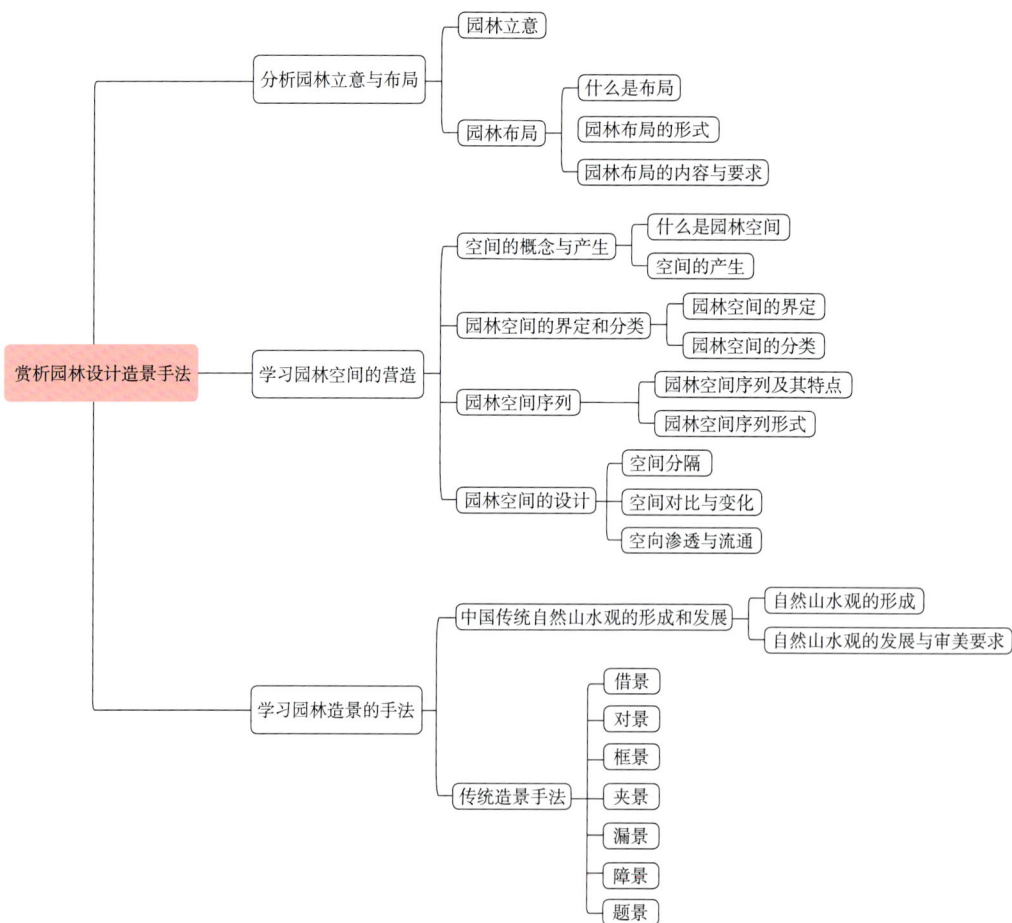

项目 4　研习园林设计之构成方法

项目导入

"园林设计中不同的造景手法就像零散的雅词，而设计则是将它们相连成句。园林设计应以新时代对中华优秀传统文化创造性转化、创新性发展的迫切需求为切入点，以传统美学为依托，以传统创新应用为主旨，形成一套适应中国当代的设计价值观体系和设计思维体系。"带着这样的目标，林老师引导景同学用专业的设计手法、丰富的美学理解将园林图纸勾画出来，景同学对园林的热爱愈发强烈。

本项目着力培养学生的学习力、审美力、创造力。为了更好地学习园林的设计方法，本项目将进一步讲解园林设计的构成基础，融入传统文化元素和社会主义现代化场景，以更具艺术色彩与实用价值的案例开拓课堂视野，从最熟悉的校园环境出发，让大家感知校园里的自然与文化生活，并通过图形收集、元素提炼与转译的方法，形成设计思路，对校园原有的标识系统、景观空间进行重构，赋予园林绿地新的文化主题，并色彩化、多维度地创造出品质更优的景观空间，鼓励学生用青春的能动力和创造力激荡起园林设计的澎湃春潮。

本项目包含3个任务：（1）平面造型感知与设计；（2）色彩感知与设计；（3）立体造型感知与设计。

任务 4-1　平面造型感知与设计

任务目标

【知识目标】

1. 熟练掌握平面构成设计的形态要素。

2. 熟练掌握平面构成设计的传统与现代表现形式。

3. 理解平面构成在园林设计中的创新运用。

【能力目标】

1. 能够对点、线、面等形态要素进行灵活运用。

2. 能够熟练应用重复、近似、渐变、发射、特异、对比、空间和肌理等构成形式。

3. 能够根据平面构成设计原理，分析园林设计中的平面造型设计，具备平面构成形象的思维能力和造型的感受能力。

【素质目标】

1. 培养获取信息、分析及借鉴的学习能力。

2. 培养解决问题和动手操作的基本能力。

3. 培养语言表达、团结协作、社会交往等综合职业素养。

4. 具备较高的平面造型艺术修养和审美能力，能够理解和认识传统文化元素，增强文化自信。

5. 激发能动力和创造力，培养对园林行业的热爱，让园林融入学习与社会主义现代化实践之中。

任务描述

1. 结合实地调研，在实景中认识景观的构成元素，并结合城市自然、文化主题，进行图案的提炼、转译、设计。

2. 通过学习迁移，选取校园自然、文化或生活场景，进行景观元素提炼，并结合校园文化和整体园林环境的需求，进行标识系统的优化设计。

任务分析

针对本次任务，首先需要建立正确的观察方法，进行大量的调研工作，深刻研究背景知识，发现问题并收集城市的自然、文化图形，确定其具体位置。学会分析园林的自然、文化环境的特点，通过整理分析与提炼，能够清晰梳理脉络并进行抽象图形演绎，最终展开想象，呈现为具有平面构成设计形式的文化符号，注重简洁性，更注重对抽象图形、几何图形、偶然性图形的使用，从而产生明朗的趣味性和代表性。之后结合园林设计内容，培养有创新性的思维方式。指导学生结合园林各要素的特征，选取校园实地环境，挖掘其独有的特色，对校园原有标识系统进行优化设计，让公共空间中各类标识的表达更直截了当，更富有地域性和个性化。

🍃 知识准备

1. 平面构成基础

1）平面构成的定义

平面构成是视觉元素在二维平面上，按照美的视觉效果、力学的原理，进行编排和组合，它是以理性和逻辑推理来创造形象、研究形象与形象之间的排列方法，是理性与感性相结合的产物。它是研究在二维平面内创造理想形态，或是将既有的形态（具象或抽象形态）按照一定原理进行分解、组合，从而构成多种理想的视觉形式的造型设计。

2）平面构成的起源

平面构成源于自然科学和哲学认识论的发展，20世纪建立在最新发展的量子力学基础之上的微观认识论，使人们更为关注事物内部的结构，这种由宏观认识到微观认识的深化，也逐渐影响了造型艺术规律的发展。构成观念可以说早在西方绘画中就见到其影子。例如，立体主义绘画、俄国的构成主义、荷兰的新造型主义都主张放弃传统的写实，以抽象的形式表现。后来，德国包豪斯设计学院不断对其进行完善发展，形成了一个完整的现代设计基础训练的教学体系，奠定了构成设计观念在现代设计训练及应用中的地位和作用。20世纪70年代以来，平面构成作为设计基础，已广泛应用于工业设计、建筑设计、平面设计、时装设计、舞台美术、视觉传递等领域。

2. 平面构成基本要素与表现形式

1）平面构成的基本要素

平面构成主要是运用点、线、面和律动组成严谨的结构，富有极强的抽象性和形式感（图4-1）。具有实用特点和创造力的设计作品，与具象表现形式相比，平面构成更具有广泛性。在实际运用之前必须学会运用这种视觉艺术语言，进行视觉方面的创造，了解造型观念，训练培养各种构成技巧和表现方法，培养审美观及美的修养和感觉，提高创作能力和造型能力，活跃构思。

点的构成　　　　　　　线的构成　　　　　　　面的构成

图 4-1　平面构成的基本要素

2）平面构成的表现形式

平面构成的表现形式根据平面构成要素不同（点、线、面）可以划分为3种形式，分别是点的构成形式、线的构成形式、面的构成形式（图4-2）。

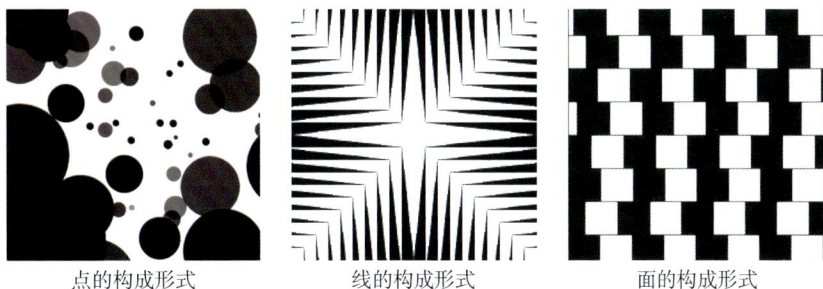

点的构成形式　　　　　　线的构成形式　　　　　　面的构成形式

图 4-2　平面构成的表现形式

（1）点的构成形式（图4-3）

①不同大小、疏密的点混合排列，使之成为一种散点式的构成形式。

②将大小一致的点按一定的方向进行有规律的排列，给人留下一种由点的移动产生线的感觉。

③以由大到小的点按一定的轨迹、方向进行变化，使之产生一种优美的韵律感。

④把点以大小不同的形式，进行有目的的排列，产生点的面化感觉。

⑤将大小一致的点以相对的方向逐渐重合，产生微妙的动态感，形成不规则点的视觉效果。

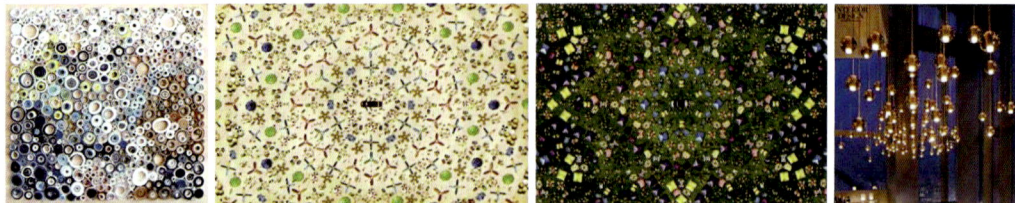

图 4-3   点的构成形式

（2）**线的构成形式**（图4-4）

①面化的线   等距密集排列。

②疏密变化的线   按不同距离排列，产生透视空间的视觉效果。

③粗细变化的线   增加虚实空间的视觉效果。

④错觉化的线   将原本规律排列的线条进行切换或变化，以产生视错觉效果。

⑤立体化的线。

⑥不规则的线。

图 4-4   线的构成形式

（3）**面的构成形式**（图4-5）

①几何形的面   表现规则、平稳、较为理性的视觉效果。

②自然形的面   不同外形的物体以面的形式出现后，给人以更为生动、厚实的视觉效果。

③徒手绘制的面。

④有机形的面   表现出柔和、自然、抽象的面的形态。

⑤偶然形的面   自由、活泼而富有哲理性。

⑥人造形的面   表现出较为理性的人文特点。

图 4-5   面的构成形式

3. 平面构成在园林设计中的运用

平面构成的基本要素是点、线、面，它是一切形态的基础，一切造型的根本。自然界所有的物体都离不开点、线、面，所有的形态也可以归结于点、线、面。而其构成原理是把这些基本要素按照形式美的法则进行创造性组合。平面构成在园林设计中的应用就是要把点、线、面等概念性的基本要素物化，置换成具体的园林设计要素。平面构成要素在现代园林景观中有着广泛的应用（图4-6）。

图4-6 园林景观中的点、线、面表现形式

1）点元素

（1）小型园林建筑与小品

在园林景观中，小型园林建筑与小品（如雕像）等是园林景观中不可缺少的，可以增强景观的趣味性，为整个景观增强活力（图4-7）。

图4-7 园林景观中的点元素（1）

（2）有特点的植物

有特色的植物在设计中是非常重要的，有许多独特的使用效果。例如，在景区内的一株百年古树，可以把它当作一个有历史内涵的景点，也可以将它看作整个景观中的一个富有沧桑和古典韵味的背景（图4-8）。

（3）构筑的假山、安放的巨石等突出环境特点的装饰物

这些假山、巨石在安排布局的时候一定要讲求自然，或与树木搭配交相辉映，或与水体相结合，增强感染力（图4-9）。

图 4-8   园林景观中的点元素（2）

图 4-9   园林景观中的点元素（3）

2）线元素

（1）直线

作为最简单的几何图形，直线的特点很明显：强硬、单纯、简洁、直接。直线又有很多的种类，粗的、细的、斜的等，这些不同形态的直线所表达的效果不一样，带给人的情感体验也不一样，在园林景观设计中要根据景观表达的需要来决定线性景观的使用。主要应用形式有：植物边缘、铺装轮廓等（图4-10）。

图 4-10   直线在园林景观中的应用

（2）曲线

曲线的类型也很多，广义来说，可以分为规则的和不规则的。在园林景观中，曲线设计会比直线设计的景物更加敏捷，更有流动感，给人的情感体验也更丰富、幽雅、柔和。绵延的曲线景观，可以营造幽静的园林氛围，给人以非常安适、娴静的体验。主要应用形式有：自然式水体边缘、园路、林冠线等（图4-11）。

图 4-11 曲线在园林景观中的应用

3）面元素

面在园林中应用较多，概括起来主要有水景、绿化空间、广场、大型园林建筑等。例如，园林中的水景（河、湖、池以及由水构成的小景致）可以成为整个园林的灵魂，不仅具有较强的实用价值，还是一种园林艺术形式。又如园林中的广场，为人们提供活动的场地，它限定了空间平面，通过铺设的艺术图案构成一种独特的美（图4-12）。

图 4-12 面在园林景观中的应用

🍃 任务实施

1. 景观图形收集

建立正确的观察方法，确定不少于4个地块进行图片拍摄。提前查阅资料了解场地自然、文化背景，再进行图片收集；分组完成，每组成员3~4人（表4-1）。

表 4-1   任务分工

小组名称			负责人	
任务分工		成员		任务

2. 图形提炼、转译、设计

①整体分析、梳理设计脉络后进行元素提取。

②展开想象，进行从具象到抽象的演绎（图4-13）。

泰特现代美术馆   光之教堂   光明寺   萨伏伊别墅

图 4-13   图形提炼、转译、设计范例参考

③完成表4-2。

表 4-2   城市自然、文化图示语言之平面构成设计

地块	自然、文化介绍	原始图形	元素提炼	图示语言转译	平面构成设计
地块1					
地块2					
地块3					
地块4					
……					

3. 校园标识系统设计

1）校园自然、文化、生活景观图形收集，设计线索提炼

根据校园环境的不同功能分区，确定不少于4个功能区进行自然、文化、生活图片拍摄，并通过问卷的形式调查校园不同使用人群的需求，通过分析，提炼出设计线索，完成表4-3。

表 4-3　校园自然、文化、生活景观图形收集及设计线索提炼

功能分区	自然景观	文化景观	生活需求	设计线索提炼
地块1				
地块2				
地块3				
地块4				
……				

2）图形元素提取与演绎

基于城市自然、文化图示语言的平面构成设计训练，进行学习迁移，对校园自然、文化、生活场景图片进行归类整理，并进行景观元素提炼，运用平面构成设计的基本原理对图示语言进行转译。

3）校园文化标识系统设计

分析校园现有标识的优缺点，结合设计线索和图示语言的转译，进行文化标识系统的优化设计（图4-14）。

图 4-14　校园文化标识系统设计范例参考

🍃 考核评价

姓名		任务内容		平面造型感知与设计							
序号	考核项目	考核内容		等级				分值			
				A	B	C	D	A	B	C	D
1	学习态度	实训认真，积极主动，操作仔细		好	较好	一般	较差	10	8	6	4
2	内容过程	选取场地具有代表性、文化性和艺术性，记录过程认真，能对数据进行科学的整理与分析		好	较好	一般	较差	20	16	12	8
3	综合能力	能将真实的图片语言，通过提炼和演绎，转化为设计语言		好	较好	一般	较差	30	25	15	10
4	学习成果	成果表达规范，内容完整、真实，具有较强的可行性		好	较好	一般	较差	25	20	15	8
5	能力创新	立意创新，设计表现突出		好	较好	一般	较差	15	10	8	4
合计得分											

任务 4-2 色彩感知与设计

任务目标

【知识目标】

1. 熟练掌握色彩的色相、明度、纯度等属性。

2. 熟练掌握色彩的对比与调和、色彩的混合与推移的方法。

3. 熟练掌握色彩构成的心理效应和配色方法。

4. 理解色彩构成在园林设计中的运用。

【能力目标】

1. 能够对色相、明度、纯度等属性进行灵活运用。

2. 能够熟练应用色彩的对比与调和、色彩的混合与推移。

3. 能够用科学的方法分析配色，按照一定的规律组合各色彩要素，创造出新的色彩效果。

4. 能够根据色彩构成设计原理，分析园林设计中的色彩营造，具备色彩构成的感知能力和创造能力。

【素质目标】

1. 培养获取信息、分析及借鉴的基本能力。

2. 培养解决问题和动手操作的基本能力。

3. 培养语言表达、团结协作、社会交往等综合职业素养。

4. 具备较高的色彩艺术修养，能够理解不同民族优秀传统文化中的色彩文化特征。

5. 激发对园林行业的热爱，让园林融入学习与社会主义建设实践。

任务描述

1. 在实景中拍摄自然的色彩，也可以通过网络搜索摄影作品、画作等自己喜爱的图片，结合城市自然、文化主题，进行图片收集与品鉴。

2. 利用色彩构成的对比与调和原理，选取4张自己喜爱的图片组成一个系列，并确定一个主题，进行图案的提炼、抽象、演绎。

3. 通过学习迁移，选取校园自然、文化或生活场景中有代表性的空间进行拍照记录，以及景观色彩的提炼，并结合四季景观的颜色，进行多样化设计。

任务分析

针对本次任务，首先需要建立正确的品鉴方法，进行大量的收集工作，深刻研究背景知识，发现问题并收集城市的自然、文化代表性色彩及其心理感受。其次学会分析其自然、文化环境的特点，并通过整理分析进行抽象图形演绎，展开想象，呈现为具有色彩构成设计形式的特色画面，注重感染力，进而产生明朗的趣味性和代表性。最后结合园林设计内容，培养有创新性的思维方式，指导学生结合园林各要素的特征，选取校园实地环境，挖掘其独有的特色，让学生创造富有地域性和个性化的校园色彩场景。

🌿 知识准备

1. 色彩构成基础

1）色彩构成的概念

色彩构成（interaction of color），即将两个以上的色彩，根据不同的目的，按照一定的原则重新组合搭配，在互相作用下构成新的和美的色彩关系。色彩构成是在色彩科学体系的基础上，将复杂的视觉表现还原成最基本的要素。通过对色彩的来源、物理和化学性质给人们带来的生理和心理体验的研究，结合大量的、系统的色彩训练，培养对色彩的感觉和敏锐度。

（1）光与色的关系

①可见光　光与色彩，是存在于现实生活中的一种客观现象。光是产生色彩感知的首要条件，有光才会有色彩。假如人们在一个没有光线的屋子里，便看不到物体，更看不到物体的颜色，只能用手触摸到物体的形状。因此，光与色彩是不可分割的整体。

光波介入人的视觉有 3 种方式：直射、反射（包括部分反射）、透射（图4-15）。其中，反射是视觉器官接受光刺激最主要的形式。

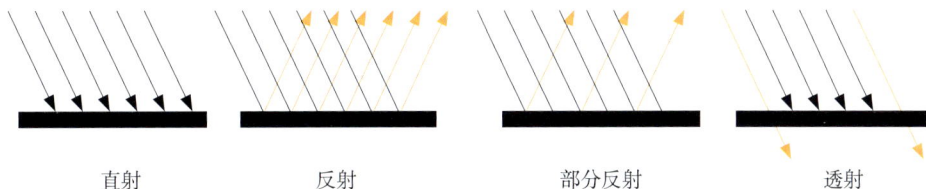

| 直射 | 反射 | 部分反射 | 透射 |

图 4-15　光波介入人的视觉方式

从物理学意义上讲，光是在一定波长范围内的一种电磁辐射，它们有着不同的波长和振幅。能够引起人视觉感知的电磁辐射波长范围在380~780nm，红、橙、黄、绿、青、蓝、紫等有色光均属于这一范畴，称为可见光。其余波长的电磁辐射是人感知不到的，称为不可见光。

②光谱色　1666年，科学家牛顿通过光谱实验揭开了光色之谜。他把太阳光通过三棱镜分解为红、橙、黄、绿、青、蓝、紫七色光束，这七色色带就是光谱（图4-16）。

图 4-16　光谱色

（2）有彩色与无彩色

色彩可以分为两大类：有彩色和无彩色。

①有彩色　可见光谱中的所有色彩都属于有彩色，其中包括具有某种色彩倾向的灰色（图4-17），如蓝灰色、紫灰色、红灰色等。

红、橙、黄、绿、青、蓝、紫为基本色（图4-18），它们有明确的色相、明度和纯度。有彩色之间的混合以及有彩色和无彩色的混合，可以使色彩丰富多彩。

蓝灰色　　　　　　紫灰色　　　　　　红灰色

图 4-17　灰色

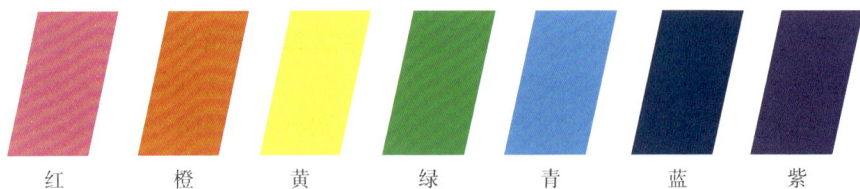

红　　　橙　　　黄　　　绿　　　青　　　蓝　　　紫

图 4-18　色标

②无彩色　无彩色是指黑色、白色以及黑、白混合而成的不同深浅的灰色系列。从物理学意义上讲，它们不包括在可见光谱中，因而不能称为色彩。但从视觉心理学的角度讲，它们具有完整的色彩性，并在色彩世界中扮演着极为重要的角色。黑、白、灰的参与可以引起色彩明度和纯度的变化。无色彩系只有明度的差异，不具备色相和纯度特征。

（3）光与物体色

①物体与色彩

物体色：是光源色经物体吸收与折射带给视觉的光色感受。物体表面肌理的质感不同，对于光源吸收与反射的能力也不同。表面光滑、平整、细腻的物体，对色光的反射较强，如镜子、金属、瓷砖、丝绸等。表面粗糙的物体，易使光线产生漫射现象，故对色光的反射较弱，如木材、呢绒、海绵等。

在全色光（日光）下，物体表现为白色是因其表面几乎反射了所有的光；物体表现为黑色是因其表面几乎吸收了所有的光；物体表现为红色是因其表面只反射了红色光而吸收了其他色光；物体表现为蓝色是因其表面只反射了蓝色光而吸收了其他色光。

固有色：物体本身并不存在恒定的色彩。物体固有色的概念来源于物体固有的某种反光能力和光源条件的相对稳定。例如，红色的花和粉红色的花，这是在同等的白色光源下物体展现给人们的印象色彩，这些不同品种的花尽管都给人一种红色印象，但呈现出来的红色面貌却不相同，而这种差异就是物体各自的固有色。固有色概念的产生方便了人们对于色彩的沟通和事物特征的把握。

②光源色　是指照射物体光线的颜色。光和色彩有密切关系。自然界的物体对色光具有选择性吸收、反射与透射等现象，使宇宙万物呈现出各种不同的色彩。在日常生活中，光有多种来源，色相偏冷的有月光、电焊弧光等，较暖的有烛光等。各时间段的光线差异以及太阳照射地球角度的不同会对景物的色彩产生不同的影响。阴天与晴天时，光线照射的强度也不同，阴天光线弱，物体色彩灰暗；晴天光线强，物体色彩鲜艳明快。

③环境色　也叫条件色，是光源色作用在物体表面而反射的混合色光，是一个物体受到周围物体反射的颜色影响所引起的物体固有色的变化。自然界中一切物体都处在一个空间里，通过光的照射，周围环境不同程度地影响着物体的颜色，所以环境色的产生与光源的照射是分不开的。

2）色彩的基本原理

（1）三原色

红、黄、蓝是最基本的颜色，称为三原色（图4-19）。三原色是其他色彩所调配不出来的，而其他色彩可由三原色按一定比例调配出来。

（2）色彩三要素

有彩色具有3个基本要素，即色相、明度、纯度（图4-20）。

图 4-19　三原色

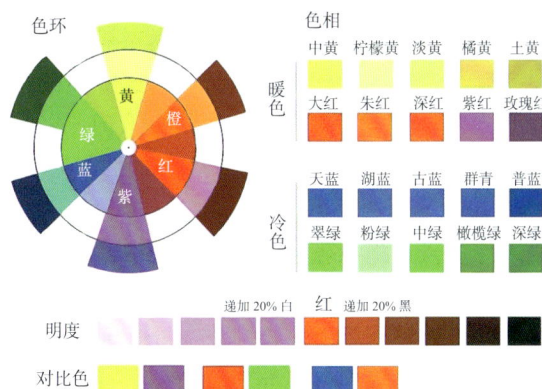

图 4-20　色彩三要素

①色相　就是色彩的相貌，是色彩之间进行区分的名称，如红、橙、黄、绿、蓝、紫等。将上述单色按光谱顺序环形排列，便形成了色相环。

②明度　就是色彩的明暗度，也称亮度、深浅度等。每一种色彩都有各自不同的明度，如黄色明度最高，紫色明度最低，红、绿色均属中间明度等。同时明度与配色的基本规律是，任何颜色如果加白，其明度变高；如果加黑，其明度降低。

③纯度　就是色彩的鲜艳度，也叫彩度、饱和度。无色彩的黑、白、灰纯度为零。在色环上，纯度最高的是三原色（红、黄、蓝），其次是三间色（橙、绿、紫），再次为复色。而在同一色相中，纯度最高的是该色的纯色，而随着渐次加入无彩色，其纯度逐渐降低。

3）色彩混合

色彩混合是指将两种或多种色彩进行混合，形成与原有色不同的新色彩。色彩的混合可归纳为加色混合、减色混合、中性混合3种类型。

（1）加色混合

加色混合也称色光混合，是将不同的色光投射到一起合成新的色光。参加混合的色光越多，新色光的明度就越高。加色混合是一种视觉混合。加色混合的结果是色相改变、明度提高，而纯度并未下降。加色混合应用广泛，主要应用于舞台灯光照明、影视及计算机设计等领域（图4-21）。

（2）减色混合

减色混合是指色彩颜料混合。混合的色彩种类越多，色彩就越暗、越浊，新色彩的明度、纯度就越低。人们平时在绘画、设计、染色、粉刷中的色彩调和，都属减色混合（图4-22）。

图 4-21　加色混合　　　　　　　　图 4-22　减色混合

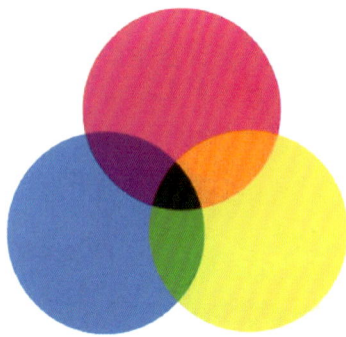

（3）中性混合

中性混合是指色光进入视觉后形成的色彩混合效果，与色光混合相同。中性混合是加色混合，是反射光的混合。特点是色彩的明度、纯度不变，保持原来的色相与数值。中性混合分为旋转混合、空间混合两种。

①旋转混合　是将不同的色彩并置在一起快速旋转而产生的视觉混合效果。其实颜色本身并没有真正混合，是快速旋转时视觉看到的色彩效果，是反射光的混合。因

此，与减色混合相比，明度平均值不变。由于中性混合实际比减色混合明度显然要高，因此会使得色彩效果更加丰富、明亮，有一种空间的颤动感。

②空间混合　是将两种以上的色点、色块并置在一起，借助一定的空间在视觉上产生的混合。空间混合受空间距离和空气清晰度影响，所以称为空间混合。空间混合的明度、纯度不变（图4-23）。

图4-23　色彩的空间混合

空间混合要求具备以下条件：对比的色彩要鲜艳，对比较强烈；色彩的面积要小，形态为小色点、小色块等，并呈密集状；色彩的位置关系为并置、交叉等；有一定的视觉空间距离。

4）色彩的对比与调和

（1）色彩对比构成

众所周知，任何事物都是普遍联系而非孤立存在的，色彩也不例外。不同情况下看到的色彩会对心理产生不同的影响，这种影响就是色彩对比所造成的。色彩对比是指两种或两种以上色彩并置时所形成的对比现象。色彩对比就是为了通过并置对照，体现出它们的差别及不同的效果。例如，产生或强烈、或紧张、或轻松、或舒适、或温馨等不同感受。

①色相对比　色相对比是指运用色相之间的差别所形成的对比。研究色相对比差别时，借助色相环更易理解也更直观。色相环中色相间距离不同，所形成的强弱对比关系也不同。色相之间距离越近，对比越弱；距离越远，对比越强。这就是色相对比的规律（图4-24、图4-25）。

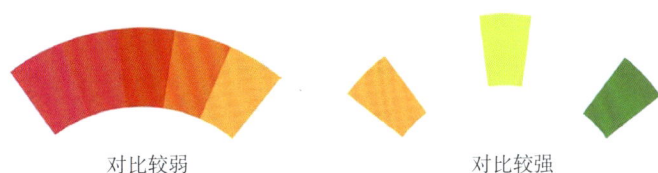

对比较弱　　　　　　对比较强

图4-24　对比强弱的色彩

图 4-25　色相对比系列

②明度对比　色彩除了有色相差异外，还有明暗程度的差异，即明度对比。两种及两种以上色相组合后，由于明度不同而形成的色彩对比效果称为明度对比。

明度对比决定画面色彩明快、沉闷、柔和、强烈等感觉，是把握画面色调的一种方法。明度对比的强与弱，主要取决于色彩在明度等差色阶上的级差大小。

把一个原色加入黑色或其他的颜色，逐渐加多，色彩会变暗，纯度也随之降低，色相也会改变。按色彩逐渐变暗的色阶，通常把1~3划为低明度色阶，4~6划为中明度色阶，7~9划为高明度色阶（图4-26）。

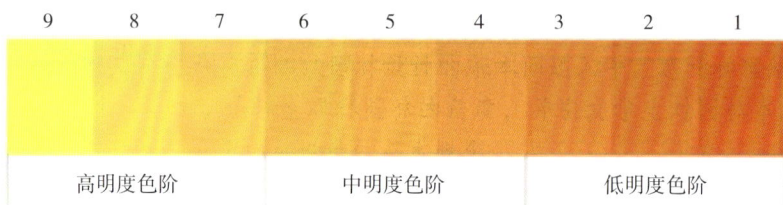

图 4-26　柠檬黄加入红色的明度对比色阶

图 4-27　色彩明度对比

就如黑白照片或素描，画面中的物体通过深浅色调体现出来。但要明确的是黑白照片是单色的明度深浅对比，而在万千色彩中，因色相不同，明度也各异，如黄色与紫色具有明显的明度差异。除了色相对比的因素，明度对比也是色彩对比的一个重要方面，它在色彩对比中起主导作用。抛开色相与纯度的对比差异，仅通过明度的调整就可使画面色调达到整体、统一的效果（图4-27）。

③纯度对比　因色彩纯度差异而形成的对比称为纯度对比，也叫饱和度对比。纯度对比既可以是同一色相不同纯度的对比，也可以是不同色相的不同纯度对比。

纯度对比的强弱程度取决于色彩加入复色量的多少。将一个鲜艳的色彩加入黑色、白色或复色等，使颜色纯度降低，把颜色分为9个明度色阶，再把9个色阶划分为低、中、高3个纯度对比基调，1~3划为低纯度色阶，4~6划为中纯度色阶，7~9划为高纯度色阶（图4-28、图4-29）。

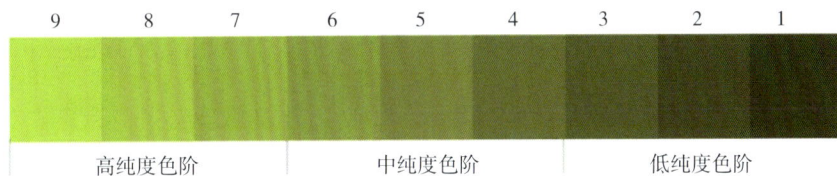

图 4-28　纯度对比基调

图 4-29　色彩纯度对比

（2）色彩调和构成

色彩调和，是相对于色彩对比而言。不协调的对比色彩，可通过增强统一因素获得调和；过于统一的色彩，则要增强对比来达到调和，这就是色彩调和的基本方法。

①同一调和　以两种色彩对比为例，当两种颜色对比非常强烈、尖锐而需要调和时，可将一种颜色混入对方，改变它们的色相、明度、纯度或任意一种，使画面中的色彩含有共同的色彩要素，产生共性，达到统一（图4-30）。

②秩序调和　使过于强烈的色彩关系柔和，或使杂乱繁杂的色彩经合理调整变成有条理、层次丰富的画面。若两色对比强烈，则可以在两种颜色间插入一些色阶，使相互对比的色彩有一个过渡。在色彩构成中，可采用在色相、纯度、明度上做级差递增或递减而使各色按照一定秩序规律变化，达到调和（图4-31）。

图 4-30　同一调和（学生作品）

图 4-31　秩序调和（学生作品）

③面积调和　色彩关系不单单是色与色组合的问题，还与色彩的面积、形状、肌理有关。调整色彩形态、面积，可以改变对比度，达到调和的目的（图4-32）。

④隔离调和　当对比色或互补色共同存在于画面中时，有点令人炫目，尤其色块相邻的边缘容易形成冲突、产生矛盾，画面中的主体形象模糊、不突出。在此情况下，可运用无彩色黑、白、灰及金色、银色等光泽色或有色彩倾向的暗灰色、深紫色、墨绿色等中性色来隔离——在画面中插入这些颜色进行协调或用其勾边（图4-33）。

⑤相互混合　将两色互相加入、相互融合，从而改善对比色的关系，得到调和。如红色与绿色的对比，在红色中掺点绿色，在绿色中混入点红色，得到饱和度不高的红灰色与绿灰色。这样，它们的个性都有所收敛，柔和了许多，放置在一起时可以得

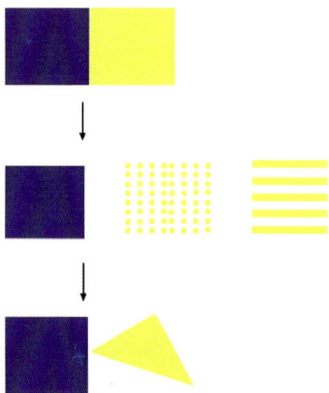

图 4-32　面积调和

图 4-33　隔离调和（学生作品）

到优雅丰富的画面（图4-34）。

⑥削弱法　画面由对比强烈的多种色彩组成，将其中一种或几种色彩的明度、纯度降低，拉开与它们比较的色彩的距离。这样削弱了之前的矛盾冲突，使得色彩不再过于生硬、令人焦躁不安（图4-35）。

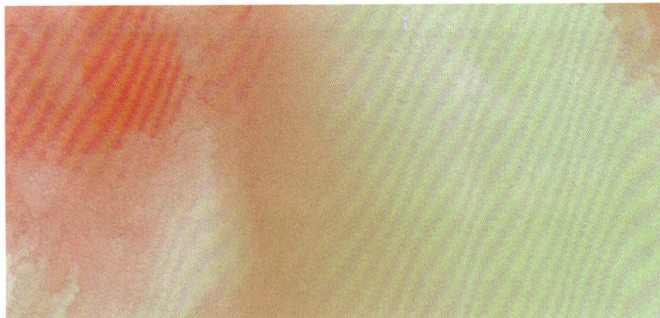

图 4-34　相互混合（学生作品）　　　　　图 4-35　削弱法（学生作品）

2. 色彩构成心理与语言

1）色彩的心理差异

（1）色彩的膨胀感和收缩感

相对而言，色彩越暖，明度越高，纯度越高，越具有膨胀感；色彩越冷，明度越低，纯度越低，越具有收缩感。

（2）色彩的前进与后退

相对而言，色彩越暖，明度越高，纯度越高，面积越大，越具有前进感；色彩越冷，明度越低，纯度越低，面积越小，越具有后退感。

（3）色彩的动与静

采用高纯度基调，加大明度差、色相差，暖调的色彩更显精力充沛，更具动感；采用中低纯度基调，明度中弱对比，冷调的色彩比较安静。

（4）色彩的轻重感

色彩的轻重感首先取决于明度，色彩明度越高，物体感觉越轻；明度越低，物体感觉越重。明度相同时，纯度越高，色感越冷，物体感觉越轻；纯度越低，色感越暖，物体感觉越重。

（5）色彩的软硬度

色彩的软硬度主要取决于明度和纯度，明度高，纯度低，暖色的物体显得软；明度低，纯度高，冷色的物体显得硬。

（6）色彩的兴奋感与平静感

色彩的兴奋感与平静感主要取决于色彩的冷暖，橙红、黄等暖色使人感到兴奋，蓝、蓝绿等冷色使人感到平静。另外，高明度、高纯度的色彩产生兴奋感，低明度、低纯度的色彩产生平静感。

（7）色彩的华丽与朴素

色彩的华丽与朴素主要取决于纯度，纯度越高，色彩越华丽；纯度越低，色彩越朴素。另外，明度和色相也会带来一定的影响，明度高的色彩，偏暖色的色相更有华丽感。

（8）色彩与温度

利用色彩的冷暖感可以给人以不同温度的感觉。

①寒冷　蓝色等冷色统治画面，拉大明度差。

②凉爽　以冷色为中心，跨度大的冷色搭配明亮温暖的颜色，如橙红色、茶色等暖色，进行弱对比。

③炎热　浓烈的纯色如红色，可适当加蓝色，形成强对比。

2）色彩的心理感知

（1）色彩与面积对比构成

在艺术设计实践中，经常运用的词汇有形态、视觉色彩等，无论哪方面的设计都涉及色彩、面积、空间、透视等。

相同面积的色彩在画面色调组合中，相互之间产生抗衡，对比效果相对强烈。

色彩对比不变，两种色彩中，一方色彩面积增大，取得面积优势，而另一方面积缩小。增大一方的色彩面积占主导位置，画面色调就倾向于面积大的色彩。

面积小，但色彩鲜艳，距离越近，对比效果越强，反之则越弱。

面积大，色彩纯度低，对比效果弱。

在绘画与设计中，一般是将鲜艳的色彩设置在视觉中心部位，引人注目。

（2）色彩与冷暖对比构成

冷暖对比有多方面的表现力，在风景画中，较远的景物看上去色彩总是冷些。如莫奈在他的风景画作品中就用冷暖对比替代明暗对比。冷暖对比在明暗差异不存在时，方能显现其特点，否则明暗对比将冲淡冷暖对比的效果。色彩的冷暖对比在绘画作品及其他艺术作品中很常见。

3）色彩的情感

色彩不仅可以丰富视觉，带来美感，而且每种色彩都有着不同的个性，每一种颜色的背后都隐藏着特定的意义。在不同的环境中，这种意义唤起人们的某种情感，影响着人们的感情。

（1）红色

人们看到的火焰、热血、消防车、红旗等都是红色，红色可以使心跳加速，进而带给人以热烈、激情、活力、进取、喜庆、革命、危险的感觉（图4-36），这是由经验产生的联想。如交通信号灯中的红灯表示禁止通行，格外醒目。

（2）橙色

橙色代表青春、动感和活力，在黑色或蓝色底上特别显暖。橙子、晚霞、秋叶、橘子、柿子都是橙色，给人以和谐、香甜、富贵、活力、快乐、兴奋、明亮、温暖的感觉（图4-37）。

（3）黄色

黄色在黑色背景中最显明亮，在白色或灰色背景上就显得温柔而隐约。当与橙色

图4-36　鲜红的旗子代表革命的热血

图4-37　橙色的烛光营造温暖的氛围

图4-38　金黄的麦穗代表丰收

图4-39　鲜绿的嫩芽代表大自然

或棕色搭配时，黄色散发着自然与乡村的气息；当与绿色在一起时，它又显现出阳光下的生命活力。阳光、稻谷、油菜花、黄金以及佛教的代表色都是黄色，同时它也具有多种感情性格，如光明、灿烂、明快、华贵、愉快等（图4-38）。

（4）绿色

绿色是活泼的色彩，暗示着成长，它象征生命力，让人联想到自然，带着春的气息。春天、树木、大地、公园、青菜、邮政都给人以绿色的印象，可以代表青春、清新、环保、平衡、和平、安静、成长、希望、满足等（图4-39）。

（5）蓝色

蓝色是一种让人觉得安全清洁的颜色，经常用于医疗用品、清洁剂、化妆品，也让人联想到天空、海洋和精灵等（图4-40）。蓝色象征宽广、希望，表示稳定、可靠、冷静、记忆、专业、和谐、创造性，使用蓝色作为标准色会增加人们的信任度。

（6）紫色

紫色和彩色中最明亮灿烂的黄色相对立，给人敬畏、忧郁、深沉、捉摸不定、悲哀的感受，但有时会令人感到神秘，具有浪漫情怀，显现高雅、尊贵、梦幻、幽深、美好、吉祥等视觉特征（图4-41）。

（7）黑色

黑色是一切色彩的终结，代表夜幕、黑暗、沉默、失望、悲凉、神秘、凝重（图4-42），同时也会使人想到死亡、腐败、邪恶等反面事物，具有消极的意义。

（8）灰色

灰色是介于光明与黑暗之间的颜色，体现了原始的寂静，似乎是最缺乏个性的无

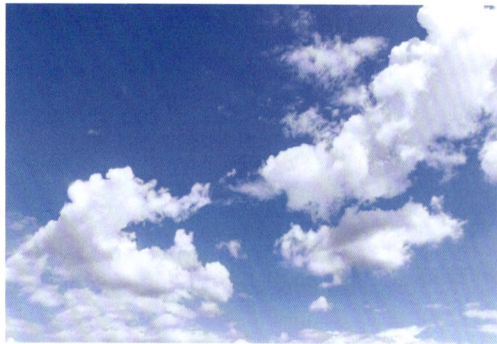

图 4-40　天空蓝代表无限的宽广

图 4-41　紫色的薰衣草代表梦幻与浪漫

图 4-42　黑色夜幕显示城市的宁静

图 4-43　灰色的家居装饰营造
冷静氛围

彩色，显得肃穆、沮丧、冷静、中庸、孤独、随和，容易被周围的色彩所左右。同时，灰色又有稳定、拘谨、独立、冷酷的一面，能激发创造力，象征成功。很多室内装潢或家具都使用灰色（图4-43）。

（9）**白色**

费里林说，所有的颜色都是从它们的故乡和起源——白色分离后得来的。白色是一切色彩和光的开始和总和，象征着纯洁、高尚、朴素、清白、神圣、和平、真理，具有安静、镇定的作用，也含有悲哀、死亡、投降等意义。

（10）**特殊色**

荧光色比一般颜色表现力更强，显得艳丽、耀眼、明亮、活泼，可以表现不可预知的新奇未来；而金色、银色是表示富有的颜色，代表财富。

4）色彩的联想与象征

无论是有彩色系还是无彩色系，都有自己的表情特征。每一种色相，当纯度和明度发生变化时，颜色的表情也就随之发生变化。色彩联想一般分为具象联想和抽象联想两种类型（图4-44、图4-45）。

（1）**色彩的具象联想**

色彩的具象联想是指由观看到的色彩直接想象到客观存在的色彩。如看到蓝色想到天空、大海；看到白色想到白云、白雪等。

图 4-44 色彩的联想——春夏秋冬（学生作业）

图 4-45 校园的一年四季（学生作业）

（2）色彩的抽象联想

色彩的抽象联想是指通过观看某一色彩直接想象到某些富于哲理或逻辑性概念的色彩。如由红色想到热情、革命；由绿色想到春天、生命等。

5）色彩的采集和重构

采集是寻找源泉，寻求美妙的色彩搭配，激发创意的灵感。重构则是将采集的色彩再利用、再创造。

（1）从自然中汲取

自然是取之不尽、用之不竭的配色源泉。自然界充满了各种形式、各种性格的色彩。蝴蝶五彩斑斓的花纹带来迷人烂漫的绚丽，大海潮起潮落间美妙的色彩转换带给我们更广泛的启示。

（2）从传统艺术中继承发展

彩陶、漆器等艺术品的传统色蕴含着感人的质朴和民族文化感。时代在变迁，人们的审美观也发生很大的变化，但若将这些色彩加以提炼，在赋予时代感的基础上，再合理地应用，仍然具有非凡的魅力。

民间的版画、刺绣、年画、皮影、彩塑等作品透露着浓厚的、淳朴的乡土风情，带给我们无限的灵感。利用这些充满生机的色彩，同样能营造别致的情趣韵味。

（3）从视觉色彩艺术中吸收

从国画、油画、壁画等相关的视觉色彩艺术中吸收，视觉艺术可以相互感染、相互影响。

根据这些富有个性魅力的色彩，从明度、色相、纯度、面积、位置等方面分析它们搭配和谐、产生特定气质的根源，并将这些色彩提炼出来，按照原色彩关系重构组合成另一种形态的色彩搭配，将是创作设计表现的最佳途径之一。

3. 色彩构成在园林设计中的运用

1）色彩构成与地面铺装设计

色彩构成中，色彩表现的作用及其所蕴含的情感色彩，使其成为环境中主要的造景要素和心灵表现的一种重要手段。它能让风景强烈地诉诸情感，从而作用于人的心理。因此，在园林造景中，对色彩的运用越来越引起人们的重视。地面铺装的色彩更应该和植物、山水、建筑等统一起来进行综合设计。如果场地的地面色彩简单，可通过线与形的变化来丰富空间的特征。

地面铺装的色彩一般是以风景为背景，或者说是底色，人和风景是主体，当然特殊情况除外。地面铺装的色彩要沉稳，色彩的选择应能为大多数人所接受。色彩应稳重而不沉闷，鲜明而不俗气。不同的色彩会引起人们不同的心理反应，一般来说，暖色调表现热烈、兴奋的情绪；冷色调则表现幽雅、宁静、开朗、明快的情绪，给人以清新愉快之感；灰暗色调表现忧郁。因此在铺地设计中，应有意识地利用色彩的变化来丰富和加强空间的气氛。

地面设计中的色彩调和，要注意同一色调、近似色调和对比色调的搭配（图4-46、图4-47）。例如，公园的铺装，有混凝土铺装、块石铺装以及碎石和卵石铺装等，此时各

图 4-46　同一色调的地面铺装设计

图 4-47　对比色调的地面铺装设计

式各样的材质同时存在，如果忽视色调的调和，将会破坏园林的统一感。比如，在同一色调内，利用明度和色度的变化来达到色彩的调和，这时就容易营造沉静的个性和气氛。如果环境色调让人感到单调乏味，那么地面铺装可以变化。近似色调配合，在配色时要注意确定主色调和从属色调，两者不能同等对待。如果使用的色调增加了，则应减少造型要素的数量。对比色调的配色是由互补色组成的，互相排斥或互相吸引都会产生强烈的紧张感，因此对比色调在设计时应谨慎运用。

2）色彩构成与植物造景设计

在园林设计中，植物色彩是视觉最先被感知的要素，可以利用植物的不同色彩特性对人的心理和视觉施加影响，遵循植物色彩设计的配置原则，即变化与统一、调和与对比、对称与均衡、节奏与韵律来进行园林设计，从而设计出令人赏心悦目的植物景观。

色彩在人的感知中非常重要，一个空间好与坏的判定标准包括色彩的运用搭配，好的色彩搭配可以使一个空间和谐舒适。植物的色彩美常用园林植物的色彩进行表现，一般以对比色、邻补色较多。采用对比色的植物景观能给人强烈醒目的对比美感；而采用邻补色则较为温暖和缓，给人以和谐的感觉。绿色是植物的基本色，不同的绿色给人的感觉也不同（图4-48）。如深绿让空间显得静谧安详，在同一个空间里，深色的植物有拉近观赏者与被观赏者之间关系的作用；而明亮的植物则给人积极向上、活泼明快的感觉。如果将深浅不同的植物搭配在一起，深色会很自然地沉于背景中，与背景融为一体，给人稳定和谐的感觉；而明快的颜色会跳跃出来，成为前景，使构图更轻快。

图4-48　大自然中深浅不一的绿色

另外，在进行植物造景时，需要考虑到植物在每个季节所呈现的不同色彩，即植物的季相变化（图4-49）。植物的季相变化是植物对气候的一种特殊反应，是生物适应环境的一种表现。植物在不同季节会呈现不同的色彩，在地域上南北方也有很大差别。北方一年四季季节变化明显，植物的季相变化也突出。而南方的植物景观四季均以绿色为主，所以植物景观多以开花植物点缀，不同季节有不同花期的植物来完成色彩调和与点景，形成南方地区特有的植物景观特色。掌握这些植物色彩的变化规律，能够进行科学合理的植物色彩搭配。

图 4-49　四季的植物景观

3）色彩构成与水体景观设计

　　水本身是无色无味透明的，但是因为水体的面积大小及深浅不同，受光源色和环境色彩的影响而产生不同的色彩。一般来说，园林中湖水的颜色偏绿，海水的颜色偏蓝，而河水的颜色较浅、较灰（图4-50、图4-51）。园林水景往往可以通过水体反映天光云影和驳岸周围景物的色彩，包括水中的各色游鱼、荷花睡莲等，使园林水景更加生动活泼。

　　水体景观是色彩设计的难点，因水体深浅与面积不同，且本身为透明无色状态，因而其受自然因素影响后呈现出的颜色也存在差异（图4-52）。在进行色彩设计时，可结合水体具体情况设置水景灯光，使其在不同地点、时段呈现不同的颜色效果。如在水体下设置蓝色或黄色的照明灯光，可衬托出周围植物，丰富园林景观色彩，从而提高园林景观的观赏性（图4-53）。

图 4-50　园林水景

图 4-51　海洋

图 4-52　海面日出

图 4-53　水景灯光

🍃 任务实施

1. 色彩图形收集

选取系列图片，确定主题，对图形进行整理与分析。分组完成，每组3~4人，填写表4-4。

表 4-4　任务分工

小组名称		负责人	
任务分工	成员		任务

2. 图形色彩提取—抽象色彩—演绎图案

利用色彩构成的对比与调和原理，选取4张自己喜爱的图片组成一个系列，并确定一个主题名称，进行色彩提取—抽象色彩—演绎图案，完成表4-5。

表4-5　×××主题色彩构成设计

图片	自然、文化介绍	原始图片	元素色彩提炼	色彩语言转译	色彩构成设计
图片1					
图片2					
图片3					
图片4					
……					

样例示范：

①整理收集喜欢的图片（图4-54）。

②抽象色彩，提炼画面中各元素的代表色组合画面（图4-55）。

图 4-54　家乡的四季

图 4-55 "家乡四季"抽象色彩构成作品

3. 色彩多样化设计

①校园自然、文化、生活景观色彩场景收集。

根据校园环境的不同功能分区，确定不少于4个功能区进行自然、文化、生活图片的拍摄，选取具有代表性的空间拍照记录。

②利用色彩构成的原理，进行图形及色彩的提炼，完成表4-6。

③结合园林四季景观的特点，进行图形的四季色彩设计（图4-56）。

表 4-6　校园自然、文化、生活景观色彩场景收集

功能分区	自然景观	文化景观	色彩构成原理	设计线索提炼
地块1				
地块2				
地块3				
地块4				
......				

校园场景

图 4-56　色彩多样化设计范例参考

考核评价

姓名		任务内容	色彩感知与设计							
序号	考核项目	考核内容	等级				分值			
			A	B	C	D	A	B	C	D
1	学习态度	态度认真，积极主动，操作仔细	好	较好	一般	较差	10	8	6	4
2	内容过程	选取场地具有代表性、文化性和艺术性，记录过程认真，能够对数据进行科学的整理与分析	好	较好	一般	较差	20	16	12	8
3	综合能力	能将真实的图片语言，通过提炼和演绎，转化为设计语言	好	较好	一般	较差	30	25	15	10
4	学习成果	成果表达规范，内容表达准确，具有很强的创造性	好	较好	一般	较差	25	20	15	8
5	能力创新	立意创新，设计表现突出	好	较好	一般	较差	15	10	8	4
合计得分										

任务 4-3　立体造型感知与设计

任务目标

【知识目标】

1. 熟练掌握立体构成设计的形态要素。

2. 熟练掌握立体构成设计的表现形式。

3. 理解立体构成在园林设计中的运用。

【能力目标】

1. 能够对点、线、面等形态要素进行灵活运用。

2. 能够熟练应用重复、近似、渐变、发射、特异、对比、空间和肌理等构成形式。

3. 能够根据立体构成设计原理，分析园林设计中的立体造型设计，具备立体构成形象的思维能力和造型的感受能力。

【素质目标】

1. 培养获取信息、分析及借鉴的基本能力。

2. 培养立体造型艺术修养，锻炼解决问题和动手操作的基本能力。

3. 培养语言表达、团结协作、社会交往等综合职业素养。

4. 培养对中华文化的感知能力。

5. 激发对园林行业的热爱，让园林融入学习与实践。

任务描述

1. 在实景中认识景观的构成元素，结合城市自然、文化主题，进行图案的提炼、转译、设计。

2. 通过学习迁移，选取校园自然、文化或生活场景，进行景观元素提炼，并结合校园文化和整体园林环境的需要，进行标识系统的优化设计。

任务分析

针对本次任务，首先需要建立正确的观察方法，进行大量的调研工作，深刻研究背景知识，发现问题并收集城市的自然、文化图形及其具体位置。其次学会分析其自然、文化环境的特点，并通过整理分析与提炼，梳理脉络，进行抽象图形演绎，展开想象，呈现为具有立体构成设计形式的文化符号，注重简洁性，更注重对抽象图形、几何图形、偶然性图形的使用，从而产生明朗的趣味性和代表性。最后结合园林设计内容，培养有创新性的思维方式，指导学生结合园林各要素的特征，选取校园实地环境，挖掘其独有的特色，对校园景观小品进行优化设计，让公共空间中的场所精神展现更为充分，更富有地域性和艺术性。

🍃 知识准备

1. 立体构成基础

1）立体构成的起源

立体构成起源于1919年，是德国包豪斯学院在创办后确立的艺术流派。包豪斯构成理论及其教育体系在现代设计史上，具有特殊的时代意义。成立于1919年的包豪斯设计学院，不仅有在建筑史上被称为设计经典的校舍，更有独树一帜的设计理念和教育思想。它奠定了现代工业设计的基础，成为现代设计师的摇篮，甚至有人评价它是现代设计真正的开端（图4-57）。

图 4-57　包豪斯设计学院

包豪斯构成理论的产生是社会发展的必然，欧洲的产业革命为它的产生奠定了强大的物质基础。社会变革催生了新思想、新观念的产生，英国的产业革命在由手工转向机械化生产的过程中，由于传统观念的影响，产品外观设计与产品的材料、工艺、结构、功能的矛盾急剧加深，解决两者之间的矛盾成为当务之急。包豪斯以其敏锐的视觉，针对性地提出了3个基本观点。

①艺术与技术的统一。

②设计的目的是人而不是产品。

③设计要遵循自然和客观规律进行。

这些无疑体现出现代设计的观念和意识，具有鲜明的时代特征，也是对当时设计思潮的批判和否定。包豪斯构成理论是美学教育史上的一座丰碑。包豪斯构成理论教育的成功在于它的教育思想、教育审美产生了极大的凝聚力，吸引了许多在艺术上卓有建树的大师加盟，使其充满了活力和生气。在校长格罗佩斯旗下，先后有荷兰风格派代表人物杜伯格，现代抽象派大师康定斯基、保罗·克利、霍利·纳克、阿尔巴斯任教。他们高举反传统的旗帜，与传统派代表人物进行了针锋相对的斗争，建立了崭新的教学体系，其思想内涵诠释出划时代的意义，折射出包豪斯构成理论教育的光彩，体现教育思想的经典。

包豪斯的成功并不意味着它是完美无缺的，它的理性化思维恰恰成为它的局限性，并对工业设计造成负面影响。在艺术中忽视"有机生命"，在设计中过于理性而缺乏人性，产品设计不考虑人性化，使设计走上了形式主义道路。但它却给现代的设计师以启示，那就是只有理性创造还不够，一个具有现代设计理念的设计者更需要情感的创造力，理性与情感的创造力相结合，才会产生巨大的效应。

2）立体构成的基本概念

立体构成也称空间构成，是将一定的材料，以视觉为基础，以力学为依据，将造型要素按照一定的构成原则进行分解、组合，形成具有美感的立体形态。它是研究立体造型各元素的构成法则。其任务是，揭开立体造型的基本规律，阐明立体设计的基本原理。它的研究对象包括点、线、面、体、空间、材质、色彩、肌理等及其加工工艺和构成方法。

立体构成是由二维平面形象进入三维立体空间的构成表现，两者既有联系又有区别。联系是：它们都是一种艺术训练，引导了解造型观念，训练抽象构成能力，培养审美观，接受严格的训练。区别是：立体构成是三维的实体形态与空间形态的构成，结构上要符合力学的要求，材料也影响和丰富形式语言的表达。立体是用厚度来塑造形态，它是制作出来的。立体构成离不开材料、工艺、力学、美学，是艺术与科学相结合的表现。

构成是一门相对于模仿的学科，其基础在于抽象，立体构成将物体的形态简化为抽象的几何形体，如立方体、圆锥体、球体等，并对其进行研究与实践。几何形体，其构建的结构具有很强的逻辑性，让人很容易学会抽象的造型方法与思维方式，并掌握其规律和原理，从而在设计作品中进行运用（图4-58），体现在建筑、家具、灯饰、雕塑、工业产品设计等方面。立体构成侧重几何形式的塑造与抽象元素的提炼，在实

图 4-58　几何形体的立体构成作品

现产品功能的同时，也适应了工业化的生产方式和节奏，被广泛应用于各现代设计领域之中。

3）立体构成的形态美学

（1）力感和量感

①力感　是立体造型作品追求的目标，是艺术作品具有蓬勃生命力的直接体现。具有力感的立体形态，带给人稳定、积极、昂扬、矫健的感觉。人们对于立体形态是否具有力感，通常源于对以往生活经验的联想，是现实中力的作用对人的心理造成影响的一种反映。在生活中，人们认识到材料、力以及形态之间的因果联系，明白什么样的材料与受力，会使材料变形成什么样的形体。因此，当立体形态出现某种变形的时候，人们就会根据经验推断出力的大小、方向、动感等特征。比如，我们观看米隆的《掷铁饼者》雕塑，作者选择铁饼摆回到最高点、即将抛出的一刹那进行造型，作品是静止的，但艺术家抓住了从一个环节到另一个环节的重要节点，使观看者体会到雕塑的动感与力感（图4-59）。

那么在立体形态中如何创造出力感呢？根据视觉经验，在立体形态的设计中，可以通过弯曲、扭曲的方法表现形体的张力（图4-60），通过倾斜轴线或非对称轮廓线表现形体重力，通过流畅饱满的轮廓表现弹力（图4-61）。法国里昂火车站对称弧形的设计，使建筑物正面看起来像只展翅欲飞的鸟，建筑物醒目而又具有很强的张力，仿佛骨骼一般排列组合并高高架起，轻盈而巨大的体量，给人强烈的视觉冲击感。从侧面看，建筑的屋顶采用钢架结构，使得建筑物具有轻盈、矫健、向上的力感（图4-62）。

图 4-59　《掷铁饼者》雕塑

图 4-60 弯曲表现形体的张力

图 4-61 饱满的轮廓表现弹力

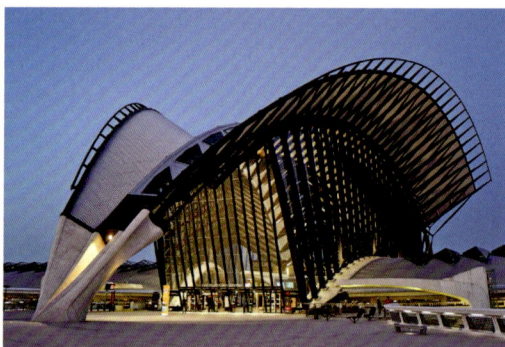

图 4-62 法国里昂火车站

②量感 是视觉或触觉对物体规模大小属性的感觉，是对物体大小、多少、长短、粗细、方圆、厚薄、轻重、快慢、松紧等状态的感性认识。立体形态的量通过空间、色彩、明暗以及点、线、面等因素来表现，既可以是物理上的量，也可以是心理上的量。物理上的量可以通过测量得到具体的数据，与形体的大小和材质的重量相关；心理上的量是人们在感知某一形态后心理所产生的量感，无法用物理手段测得，是一种视觉心理重量，它是由人的视觉经验产生，是实际的物理量感经验在人们内心中的反映，也受物体形态、色彩、质感等因素的影响。在立体形态造型中，除了物理量感的表现，更重要的是能够根据人们的视觉经验和心理特征，借助艺术化的表现方法，让作品呈现心理上的量感。

图 4-63 形态的量感

在创作中，可以通过作品形体大小、形状、比例、色彩、质感等因素来表现量感。量感传递的语言信息有厚重、稳定、博大、坚实的感觉，是形体具有生命力、饱满、充实的体现（图4-63）。

（2）空间感

空间感是指艺术形象通过一定手法引起的类似现实空间的审美感受。空间是物质存在的一种客观形式，由长度、高度和宽度来表示。从整个宇宙来看，空间是无限的；对于具体的某个物体而言，空间又是有限的。实体以外的部分都是空间，空间是无形的，但又能被人感知到。在立体形态中，空间给人的心理感受，来自形体本身向周围的扩张。

立体形态本身是有限的，但它所表现的空间感则是无限延续的，因此，空间感在立体形态创作中具有重要作用，尤其是在建筑、室内设计中，空间既要体现美感，又要具备实用功能。

空间感在不同艺术门类中有不同的表现方法，在二维造型中，主要运用构图、透视、线条、光影以及色彩等要素来表现空间感；在立体造型中，通常运用以下方法来体现空间感。

①空间的紧张感　空间的紧张感是形体有力扩张的体现，创造空间的紧张感通常从两个方面考虑：一是形态具备从原有状态脱离的倾向，比如倾斜的形体有种向上或倾倒的动态，箭头有一种运动、启动的势能。二是两个分离的形态构成一个整体的最大距离。当形态由两个或两个以上基本形态组合而成时，基本形态之间的距离较近，则形体之间的间隙会让人感到生动有趣（图4-64）；距离过近会给人一种紧张感，甚至有压迫、堵塞的感觉；而当基本形体之间距离过大时，则不能构成一个整体。距离是构成视觉与心理上紧张感的关键，而紧张感是分离布置中最舒适的距离。

②空间的进深感　利用人们的视觉经验，在有限的物理空间创造无限的进深感，达到扩展空间的目的，可以采用透视渐变的方法。人们的视觉经验是，同样大小的物体，离得越近则越大，越远则越小；排列稀疏的物体给人近的

图4-64　紧凑的条形窗加强了空间趣味性

感觉，排列密集的物体则给人远的感觉。利用这些视觉特点，在设计中，以某个已知对象的大小为标准推知与其之间的距离（如利用窗户的大小作为基准），来造成空间的深度错觉。欧洲的一些教堂常常利用这种错觉（图4-65），在正门采用拱形与小拱形的渐变，造成看似比实际的空间更深远的错觉。或是利用狭长的空间，如隧道、长廊、道路、桥梁等，给人心理引导和暗示，强化空间的进深感（图4-66）。

③重叠与遮挡　在空间中，当前后物体具有一定的遮挡关系时，被遮挡的物体会给人较远的感觉，遮住其他物体的形体则给人较近的感觉。如果物体之间再有大小上的变化，则空间的透视进深感更强（图4-67）。

图 4-65   教堂

图 4-66   长廊的进深感

④空间流动感　人们对立体形态的观看不会停留在一个角度，随着视线的不断游移，会对整个形体形成完整统一的空间印象。立体形态应具有空间的流动感，通过形态及空间的诱导，引导视线的运动，让空间更具层次感并得以扩张。为了追求空间的流动感，在空间的分割上，水平方向和垂直方向只做象征性的分割，保持形态之间最大限度的交融与连续；或是采用曲面形态分割、围合空间，使得视线保持流动的视觉美感（图4-68）。

图 4-67   前后遮挡创造进深感

图 4-68   曲面创造空间流动感

2. 形态

形态，即形状姿态，指事物存在的样貌，或在一定条件下的表现形式。形态是可以把握的、可被感知的，或者说是可以理解的。当对某个物体进行全方位的观察、触摸时，就形成了这个物体从形状到神态的综合概念，此时就把握了物体的形态。

1）感受自然形态

大自然是最伟大的立体形态创造者。日月星辰、大地、山河、人鱼鸟兽、树木花果等，都有自己的存在形态和生存方式。这些自然形态就是最具生命力的立体形态，它们能带给人们关于生活、关于设计的无限遐想。自然形态又可分为有机形态和无机形态。有机形态是指富有生长机能并能持续生长的形态（图4-69）；无机形态是指相对静止、不具备生长机能的形态，其是由自然形成的，具有偶然性和非秩序性（图4-70）。

图 4-69 生物的有机形态

图 4-70 大自然的无机形态

2）感受人工形态

人工形态是指人为创造的形态，如建筑、桌椅、汽车、服装、电器及生活用具等。根据外在因素不同，人工形态又分为具象形态和抽象形态。具象形态是指按照客观对象的本来面貌进行表现的形态，其能够如实反映对象的面貌特征及细节。因形态与本来的对象形态相似，称为具象形态（图4-71）。抽象形态不直接模仿现实，其是根据原形的概念及意义创造出来的观念符号，使人无法直接分辨原始的形象及意义，是以纯粹的几何观念提升的客观意义的形态，如正方形、球体以及由此衍生的具有鲜明特点的形体（图4-72）。

图 4-71 具象形态

图 4-72 抽象形态

3. 立体构成的造型要素

点、线、面、体是立体构成的基本造型要素，它们可以构成任何的形态，同时任何的形态都可抽象还原成点、线、面、体。

1）点

在几何学中，点只表示具体的位置而无形态，但在造型领域，点具有大小、形状、位置、材质甚至颜色等特征，是立体构成中最基本的元素。在造型领域，点的概念不是绝对的，只要和周围环境相比，相对较小而集中的形态都可以称为点，比如夜晚的星星是点的形象；从天空俯瞰，地面的人和物都给人点的感觉；飞机体量很大，但飞上蓝天就变成一个点；一个鸡蛋放在手心里是个椭球体，放到桌子上就变成了点（图4-73）。

在立体形态中，点的存在形式很多，线段的两个端点、两条线段的相交处、直线转折处或是物体的顶角等，都给人点的视觉特征。点具有聚集视觉、活跃氛围的作用。在立体构成设计中，点通常不会单独作为造型形态出现，一般与线条组合，形成点线综合构成（图4-74）。在园林设计中，点经常以灯饰、摆设等形象出现（图4-75）。

图 4-73　自然界中的点元素

图 4-74　点、线构成作品

图 4-75　点状景观灯饰

2）线

点的移动轨迹形成线，线是相对细长的形态。在立体构成中，只要与周围其他形态相比较，表现出一定的连续性，能表达长度和轮廓的形态，都叫作线，它可以具有不同的形状和长度特征，是最具情感表现的元素。线条的曲直、粗细、质感、位置与方向能表达不同的情感特征。粗线具有刚强有力的特点，细线则有锐利、弱小的视觉特征。直线分为水平线、垂直线和斜线。水平线给人稳定、平静、宽广的感觉；垂直线具有强烈的上升与下降意味，给人以正式、高耸、生长、希望的感觉（图4-76）；斜线则让人感到具有动感，表现出活泼与不安（图4-77）。曲线分为自由曲线和几何曲线，给人柔软、优雅、轻巧的感觉。自由曲线相比几何曲线更具有自由、流畅的特征（图4-78）。

图 4-76　垂直线带来高雅的感觉

图 4-77　斜线带来动感

图 4-78　曲线带来自由、流畅的感觉

3）面

面在几何学中是线的移动形态，只有位置、长度和宽度，无厚度。在造型领域，将面积大而薄的形体称为面。面具有轻薄、通透、扩张感强的特点，可以在平面的基础上形成半立体浮雕感的空间层次；通过卷曲、折叠、搭接、组合等方式，还可以用来围合或分割空间，形成立体造型。如果从侧面观察面，又给人线的感觉，因此，面同时具有线、面、体的特征。在设计构成中，面可以有形状、大小和位置。在形态上，面可以分为直面和曲面。

　　直面有规则直面和不规则直面之分，规则直面包括正方形、圆形、三角形等由直线或曲线组合而来的形态（图4-79）。不规则直面包括自然形、偶然形和不规则形。曲面也有规则曲面和不规则曲面之分，规则曲面如球体、圆柱体；不规则曲面如随意、凭感觉卷曲的曲面，表现得更自由（图4-80）。总的来说，直面容易给人简约、单纯、男性化的感觉；曲面则给人饱满、张力、自然、柔美、生动的感觉，更具女性化的魅力。

图 4-79　规则直面

图 4-80　不规则曲面

4）体

　　在立体构成中，体相比其他造型要素更浑厚、更具重量感、更能占据空间，它是具有长、宽、高三维空间的封闭实体。体的形态大致可分为几何直面体、几何曲面体、自由曲面体等。

　　几何直面体是由直的平面构成的形体，如三角锥、正方体、长方体和其他多面体等。几何直面体具有厚重的形态与分明的棱角，给人沉着、稳定、庄重、大方的感觉。

图 4-81　几何曲面体

图 4-82　自由曲面体

几何曲面体是由几何曲面构成的回转体，如圆球、圆柱等。几何曲面体不仅具有几何形体的端庄、优雅、理性、秩序等特征，同时还具有曲面形态的自由、运动、轻柔等特点（图4-81）。

自由曲面体是由自由曲面构成的立体造型，给人凝重、流畅、优雅的感觉。如被风沙侵蚀过的山石和造型各异的鹅卵石，在自然外力和内在抵抗力的双重作用下，这样的体块给人亲切、自然、朴实的感觉（图4-82）。

4. 立体构成的基本形式

1）单体结构

单体结构包括柱体和球体。通过单体结构自身的削切、折卷、挖切等变化，可构造出不同的形态，同时为进一步的组合做基础变形准备。

（1）柱体

柱体由面的直线移动轨迹叠加而成，拥有3个空间的维度，并且占有实际的空间。它与面的主要区别为：不再是二维空间中平薄的面，而是三维性很强的体块，兼具一定的重量感、稳定感和空间感。

柱体有着自己明显的特性，具有时空性（四维空间）、有光影、无框架的特征。与此同时，柱体具有自身的形体表情与内在含义，下面分别介绍水平方向的柱体、垂直方向的柱体和斜向的柱体。

①水平方向的柱体（图4-83）　往往具有平静、平和、永久、舒展的形体表情，同时会给予人负面的心理感受，如疲劳、死亡、空旷、荒凉。这两类相反的内在含义，统一而对立地存在于水平方向的柱体之中，与人们当时的心境、体块所处环境等都有着密切的关系。

②垂直方向的柱体（图4-84）　集高洁、权威、庄重、肃穆、崇高、伟大、傲慢、孤独、寂寞于一体，整体上给人以距离感，弱化亲切感。

图 4-83　水平方向的柱体

图 4-84　垂直方向的柱体

图 4-85　斜向的柱体

③斜向的柱体（图4-85）　相对比较生动、活泼、轻盈，同时也存在一定惊险、危险、动荡的内在含义。

综上所述，柱体在空间中能形成一定的重量感和体积感，其稳定和厚重的特点，有时能够表达特殊感情和传递信息。

（2）球体

球体和柱体都是由面组成的，却有着形态上的本质差别。从理论上讲，球体表面没有可划分的面，是一个完整的曲面。但在具体制作中，球体可以由多个面围合粘连而成，所以球体也有面之分。属于球体结构的球块大致可以划分为原形球块和变态球块。原形球块包括正圆块、椭圆块、多面球块；变态球块包括球面变化、半球体、不规则球体。

球体结构是块材组合中的一个重要部分，它具有多边性、多样性，其变化最为丰富。球体结构可以综合角块的动感和方块的量感，其变化形式如下。

①整球体（图4-86）　指的是球体结构间秩序性的组合，或者变化性的组合。不同表面肌理质感的球体，同样也会影响人的情感。

②半球体（图4-87）　指的是正半球体组合、反半球体组合、虚实半球体组合或者大小半球体组合。半球体丰富了球体的类别，组合球体的丰富性成为此刻探讨的焦点。

图 4-86　整球体　　　　　　　　　　　　　图 4-87　半球体

③削切球体（图4-88） 指的是削切程度不同的球体进行的组合，变化切点的球体进行的组合，或者切与挖的球体的组合。此处提及的切点，指的是相交的切点，就是上下的黏合点、正侧的黏合点。切点的位置会直接影响到体组合的稳定性，削切处理的程度会丰富球体的多样性，增强球体的稳定性。

图 4-88 削切球体

2）线立体构成

在立体形态创作中，线材分为软质线材和硬质线材两类。线材是最具有表现力的材料，可以对其进行折叠、弯曲、聚集等，形成不同的形态空间。软质线材通常要借助一定的框架结构进行支撑，其可以塑造微妙、生动的立体形象。

（1）软质线材的构成

软质线材的材料通常为棉线、麻线、丝线或化纤线，或者是铜、铁、铝等金属线材。在造型中，软质线材往往借助金属或木、竹框架进行支撑，框架一般采用几何造型，如正方体、三角锥体、棱柱体、圆柱体等。在框架上布置若干铁钉，用以固定线材。线材可依据某种变化的规律缠绕固定在铁钉上，形成穿插、交织的直面或曲面，这些织面具有极强的节奏与韵律感，通常给人轻盈、唯美、生动的感觉。除了用铁钉固定线材，还可以采取在框架上打孔，或在框架木条上做缺口，然后采用胶水固定的方式来制作软质线材的立体构成（图4-89）。

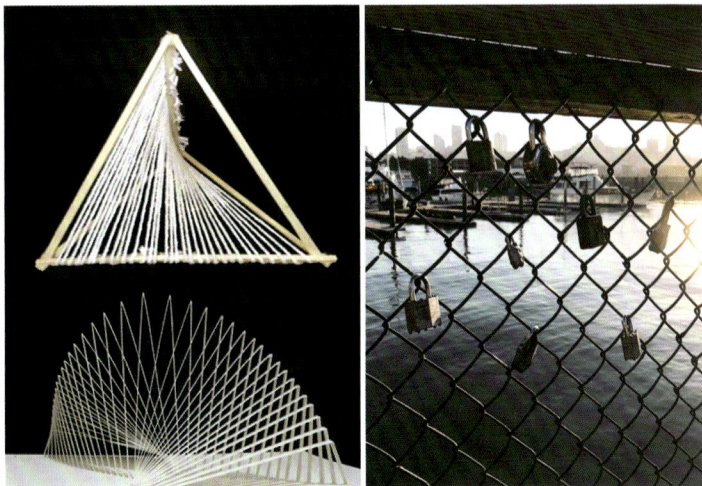

图 4-89 软质线材构成

（2）硬质线材的构成

硬质线材可用的材料种类繁多，如木条、吸管、牙签、铁丝、塑料棒、树枝等，只要是线的形象的材料都可以用来表现。

硬质线材易于塑造各种不同的形体，一般采用以下几种表现方法。

①垒积构成　将硬质线材按照一定的规律或排列方式层层地堆积起来，线材相互之间可以通过摩擦力或胶水进行固定。通过垒积，让线材产生方向、粗细、曲直、扭曲等形式的变化，其所形成的造型，具有厚重、节奏感强、稳定性好、整体性强的特点（图4-90）。

②连续构成　连续构成一般采用具有一定硬度和韧性的金属材料制作，通过自由弯曲、穿插或连接，形成连续的空间形体（图4-91）。

③框架构成　形体力学的支撑和空间的限定，使框架具有稳定的结构，将线材组合成框架形态，在水平或垂直层面上进行有序排列或交错垒积。其所构成的框架结构造型能够产生极强的节奏感和韵律感，如上海世界博览会中国馆（图4-92）。

图 4-90　垒积构成　　　　图 4-91　连续构成　　　　图 4-92　上海世界博览会中国馆

3）面立体构成

面具有显著的、薄的特征，给人以轻快、舒展的视觉感。面的巧妙运用能让作品同时具有线、面、块的多重特征。通过面材的折叠或卷曲，让面材占有空间高度和深度，能够形成立体的空间形态。在构成设计中，面分为直面和曲面，直面包括由直线或曲线所构成的矩形、三角形、多边形、偶然形等；曲面包括球面、圆柱面等几何曲面和自由面形成的曲面。面立体构成分为以下几类。

（1）层面排列构成

层面排列构成是自然界中常见的构成形式，如生活中常见的花瓣、鱼鳞（图4-93）、羽毛（图4-94）等的规律排列给人以节奏与韵律之美。在构成中，层面排列指用若干面型（直面、曲面）进行排列组合所形成的立体形态，其可以是相同面型的组合排列，也可以是不同面型的排列组合。面型可以有大小变化。面的排列组合方式有直线型、曲线型、折线型、旋转型、发射型、渐变型等，也可以是毫无规律的自由形式。通过面材的层面排列组合，该立体形态具有极强的节奏感、韵律感和秩序感，这也是面的构成常用的表现形式。

图 4-93　鱼鳞的层面排列

图 4-94　羽毛的层面排列

（2）面的插接构成

同一造型的框形或块形，用插接可塑造出多样的、近似于球体的形态。根据设计造型的需要，在面材上设计插接口，将面材运用插接的方式组合成理想的造型。利用面材之间的相互作用力，形成较为稳定的立体形态。面的插接构成，通常要求设计面材的基本形状比较简洁，一般设计成几何形，便于形与形之间的插槽对接。几何形具有规则、秩序感强的特点，这样组合后的形态更能收到统一的、稳定的、紧凑的效果。当然基本形的设计也可以采用有机形态或自由不规则形态。在设计中，应充分考虑形与形之间的插接关系及插接位置等因素，对基本形做合理的规划，才能取得良好的设计效果（图4-95）。

图 4-95　面的插接构成

（3）薄壳构造

将面材按照设计好的曲线图形进行弯曲、折叠，增强形体的强度，就能形成不同形态的薄壳状。不同的壳状形态，所能体现的外力是不同的，但正是由于曲面形成的效果，才使得薄薄的壳体具有较高的强度，同时又能表现抽象的形态。在一些大体量的建筑中，常采用薄壳构造（图4-96）。

4）块立体构成

块体可以是实体，也可以是由面材围合而成的中空形体。块体具有长度、宽度、高度，比点、线、面更能占据空间，往往给人充分、实在、有力、浑厚的感觉，运用块体做形态创作，造型敦实、立体感强，给人充实的心理感觉。块材构成的材料有很

图 4-96　薄壳构造的建筑

多，如纸板、卡纸、石膏、橡皮泥、石头、木块、铁块等。只要是具有块体特征、易于加工和表现作品的材料都可以用来设计制作块的构成。块的构成通常采用切割变形、聚集的方式进行，将块材切割或变形成为理想的形体，再进行错位重组或结合聚集，形成立体的形象。

（1）切割变形法

根据美学法则对较为完整的块体进行分割、切挖。切割变形的块体可以是任何形态（直面体、曲面体）。切割的方式可以是依据数理变化规则的几何式切割，如水平切割、垂直切割、曲面切割等；也可以是自由的切割方式，根据创作需要进行任意的切割、挖取或打磨，让简单的形体变成复杂且具有人情味的形体（图4-97）。不论采取哪一种切割方法，都要注意切割的数量不要太多，应注意块体的整体性，充分考虑形体各个角度的转折变化，切割挖取后的表面以及轮廓线要流畅自然，形体要具有张力和动感，给人良好的形式美感体验。

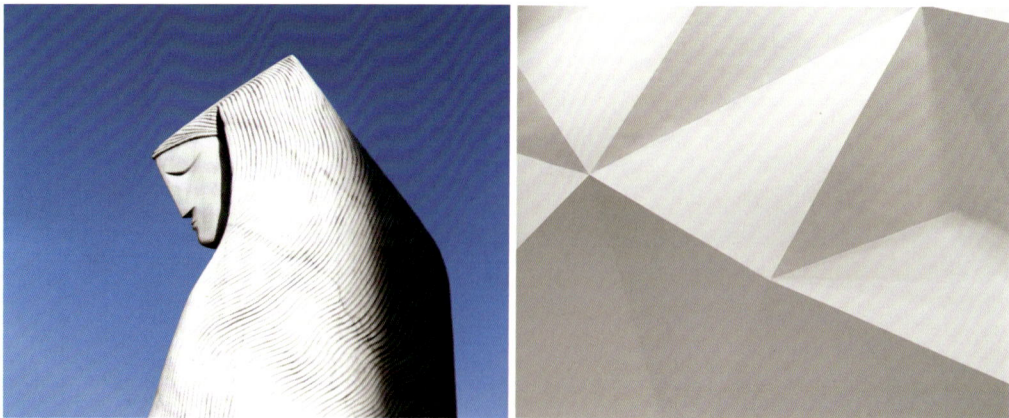

图 4-97　自由切割的形态

（2）积聚构成法

块体的积聚就是将若干的块体组合起来，首先是设计好基本的块体单位形象，然后将单位形象进行组合。组合对象可以是同一种单位形体，也可以是不同的单位形体。块体与块体的连接方式可以采用顶角的连接或棱线、面的连接。根据造型的需要，可适当调整形体接触的边缘（棱角或顶点），使得体块之间连接面扩大，以此加大连接强度。块体的造型要简洁，组合要具有高低、疏密、曲直等节奏变化，同时注

图 4-98 块体的积聚

意形体之间的紧凑感和连续性，把握好块体的大小、数量、间距等因素，避免块体数量过多或间距过大而给人琐碎、松散的感觉（图4-98）。

5. 立体构成在园林设计中的应用

1）立体构成与空间序列

（1）轴线法则

轴线是一条实的或者隐含的线，总体保持连贯。产生轴线最基础的方法是连接两个焦点的想象线。轴线可用于把目光从设计的一部分导向另一部分。实的或者隐含的两点之间的连线可以形成轴线，两个场地中心的标志物的连线可以形成轴线，两个或多个空间通过对位关系也可以形成轴线。例如，它们可以是城市中建成的街道或者林荫大道。

轴线在设计中是非常形式化的手段，可以用来对本来分散的要素进行强有力的控制。在那些要显示皇权的存在或使人屈服于至高无上的神权、专制或武力的地方，可以灵活地运用轴线。如在法国凡尔赛宫中，轴线体现了人对自然的支配（图4-99）。

图 4-99 法国凡尔赛宫

（2）等级法则

等级的产生源自统一和差异。基于这一点，在设计中，应该认识到，在一个有机统一的整体中，不同组成部分应该加以区别对待。它们应当有主与从的差别，有重点与一般的差别，否则，各要素平均分布、同等对待，即使排列得整整齐齐、很有秩序，也难免会流于单调、呆板而失去统一性（图4-100）。

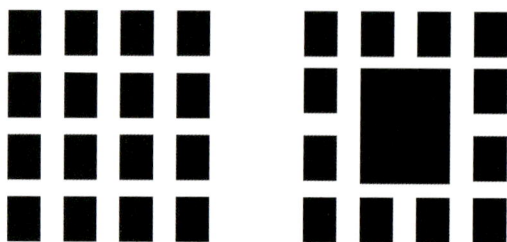

图 4-100 等级产生秩序

在园林景观中要有明确的主从关系，如要有主要景区和次要景区，要有主要景点和次要景点，堆山要有主、次、宾、配，园林建筑要主次分明。在园林设计中突出主景的方法有主景升高或降低，主景体量加大或增多，轴线对位及视线会聚，动势向心，以及在造型、色彩和重心等方面进行处理，即对比手法的运用。如南京中山陵风景区，其主要景观区域为从博爱广场到祭堂，其他景点为辅，该序列空间内的主体景观在最高处，其他建筑为辅，即使是祭堂建筑本身依然有主次之分，可谓高度的和谐统一。

（3）对比法则

在园林艺术中对比的方面有很多，如明暗对比——幽暗的廊道和明亮的庭院；体量对比——小空间与大空间，大中见小、小中见大；方向对比——水平、垂直、倾斜；虚实对比——厚重的墙体与疏朗的漏窗，山和水，植物和建筑；质感对比——粗糙和细腻、柔软和坚硬；动静对比；疏密对比等。把反差很大的两个视觉要素配列在一起，虽然使人感受到鲜明强烈的对比而仍具有统一感，使对立双方达到相辅相成、相得益彰的艺术效果，则为成功的对比。在对比的使用中，要求有统一的整体感，视觉要素的各方面要有总的趋势，有一个重点，相互烘托（图4-101）。如果处处对比，反而强调不出对比的因素而显杂乱。

图 4-101 水立方和鸟巢的对比

在艺术手法中，对比的反面就是调和。调和就是强调相似性——性质相同或类似的事物相配合。调和表现为渐变、保持连续性的变化。调和也可以看成极微弱的对比。调和本身就意味着统一，但处理不当则会使人感到单调呆板。在艺术处理中要注意风格、色彩、形态、符号等的协调一致。一般情况下，设计应做到总体调和、局部对比，对比与调和统一。

2）立体构成与园林小品

运用立体构成艺术手法设计的园林小品，通过其点、线、面的布局，能够更好地表现节奏与韵律。按照渐变韵律改变园林小品的形状和距离表现其节奏，使其富于韵律感与美感。

（1）点

无论是平面还是立体，点是所有具体化形象构成的基础要素。在二维平面中，点的视觉作用是聚焦。在三维立体环境中，通过对点的立体化应用，发现其主要的表现力也是聚焦。但通过对点的连续应用，能够改变其表现力，比如分布在同一水平上的连续点状，就具有连续聚焦，即引导的作用。而组成形状的多点点阵，则能够给予图形更多的视觉冲击力和想象（图4-102）。

（2）线

线代表了一种方向的延伸，一种延展性和对未知的期待。园林设计中，线的应用可以说无处不在，比如蜿蜒小路的边界，曲折蜿蜒的线条让人放松，有走下去一探究竟的期待；再如塔的尖端，指引向天空的直线让人的视线从建筑直达天际，帮助人在心里构成一幅完美的画面。还有一些特殊的线条，通过独特的形状，给人以不同的视觉享受。比如螺旋状的立体线，在视觉上给人有趣的感觉，在显得更加艺术的同时，给人带来美好的心情。交错跃进好似游鱼的线条，同样可以给人活泼愉快的感觉（图4-103）。

（3）面

面同样是景观设计中必不可少的元素，面的应用能够给人很强的视觉冲击感。在园林中，立体的面通常会给人一种庞大、恢宏的感觉，在气氛的塑造方面效果尤为突出。比如在城市的广场，经常会遇见大型的壁画占据着的空间，瞬间空旷的广场被庄严的气氛所填满，其他风景也显得更加庄重。还有在公园入口处经常可见的巨型景观

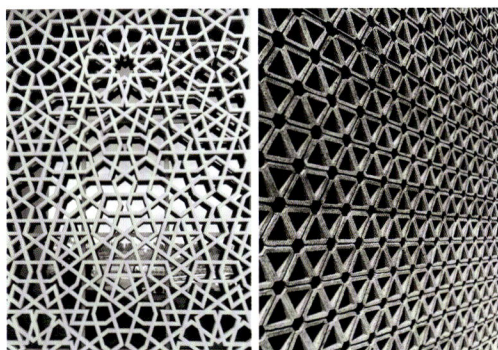

图 4-102　多点点阵形态的应用　　　　　　图 4-103　活跃的水体形态

石或者假山，好似景观的一扇门，即便是小规模的公园，在如此装饰下也显得气势恢宏，这都是面的作用。在景观设计中，面还经常与点、线同时使用，从而最大限度地提高园林景观的艺术价值（图4-104）。

图 4-104　点、线、面的综合构成

🍃 任务实施

1. 景观建筑空间图形收集

选取不同园林绿地，进行景观建筑空间的图形收集。分组完成，每组3~4人（表4-7）。

要求：建立正确的观察方法，确定不少于4个地块进行图片拍摄。需提前查阅资料，了解场地自然、文化背景，再进行图片收集，示例如图4-105a所示。

表 4-7　任务分工

小组名称		调查场地名称		负责人	
任务分工		成员		任务	

2. 图形空间体块提取与演绎

1）图形元素提取与重构

整体分析图形，梳理图形空间体块脉络后进行元素提取，并展开想象，将元素重新构成，示例如图4-105b所示。

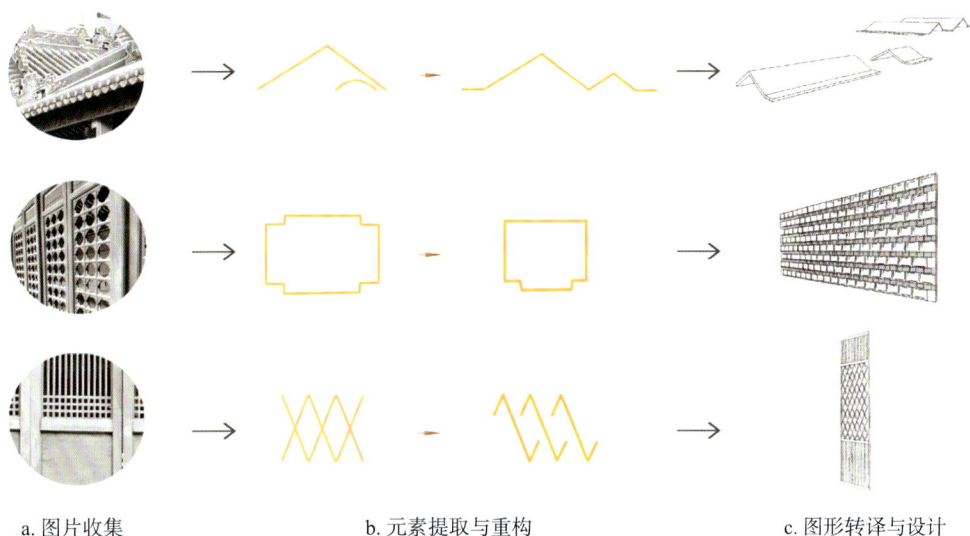

a. 图片收集   b. 元素提取与重构   c. 图形转译与设计

图 4-105 图形空间体块提取与演绎范例参考

2）图形转译与设计

结合主题进行图形的转译，并设计成某景观要素，示例如图4-105c所示，最终完成设计构思，填写表4-8。

表 4-8 城市自然、文化图示语言的立体构成设计构思

地块	自然、文化介绍	原始图形	元素提炼	图示语言转译	立体构成设计
地块1					
地块2					
地块3					
地块4					
......					

3. 校园景观小品设计

1）校园自然、文化、生活景观图形收集

根据校园环境的不同功能分区，确定不少于4个功能区作为自然、文化、生活图片拍摄场地，并通过问卷的形式调查校园不同使用人群的活动需求，通过分析，提炼出设计线索，完成表4-9。

2）图形元素提取与演绎

基于城市自然、文化图示语言的重构训练，进行学习迁移，对校园自然、文化、生活场景图片进行归类整理，并进行景观元素提炼，同时运用立体构成的基本原理对图示语言进行转译。

表 4-9　校园自然、文化、生活景观图形收集及分析

功能分区	自然景观	文化景观	活动需求	设计线索提炼
地块1				
地块2				
地块3				
地块4				
……				

3）景观小品优化设计

分析校园现有景观小品的优缺点，结合设计线索和图示语言的转译，进行景观小品的优化设计，示例如图4-106所示。

分析 …………………………… 提炼 ……………… 简化 ……………… 变形、重构

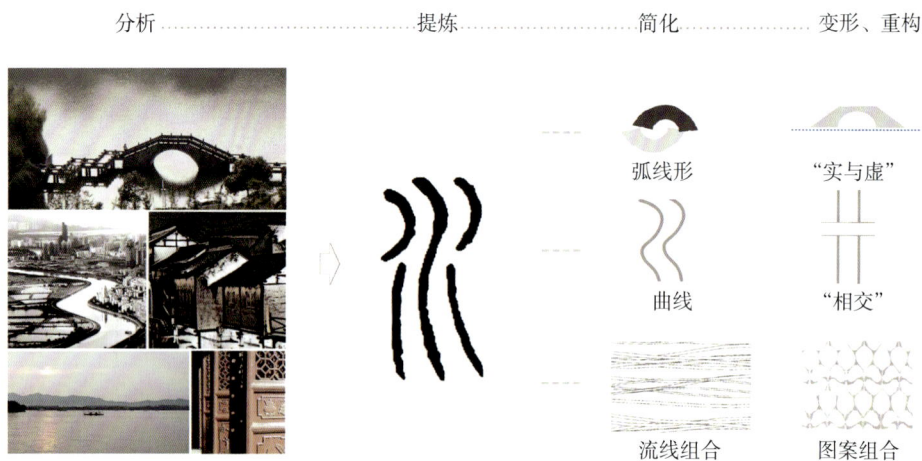

弧线形

曲线

流线组合

"实与虚"

"相交"

图案组合

图 4-106　景观小品优化设计范例参考

考核评价

姓名		任务内容	立体造型感知与设计							
序号	考核项目	考核内容	等级				分值			
			A	B	C	D	A	B	C	D
1	学习态度	态度认真，积极主动，操作仔细	好	较好	一般	较差	10	8	6	4
2	内容过程	选取场地具有代表性、文化性和艺术性，记录过程认真，能够对数据进行科学的整理与分析	好	较好	一般	较差	20	16	12	8
3	综合能力	能将真实的图片语言，通过提炼和演绎，转化为设计语言	好	较好	一般	较差	30	25	15	10
4	学习成果	成果表达规范，内容完整、真实，具有很好的可行性	好	较好	一般	较差	25	20	15	8
5	能力创新	立意创新，设计表现突出	好	较好	一般	较差	15	10	8	4
合计得分										

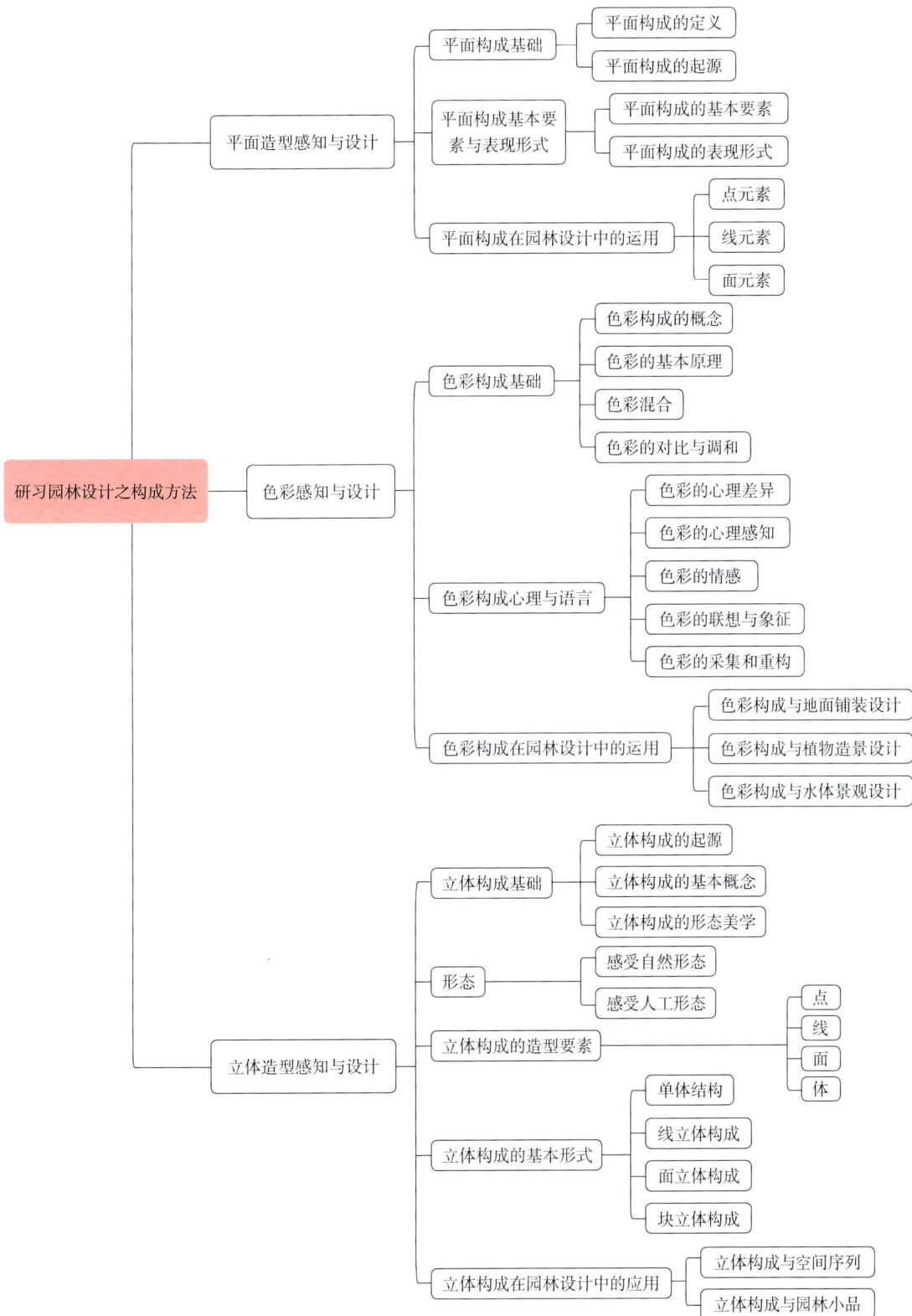

🍃 小　结

```
                                              ┌─ 平面构成基础 ──────┬─ 平面构成的定义
                                              │                    └─ 平面构成的起源
                                              │
                        ┌─ 平面造型感知与设计 ──┼─ 平面构成基本要 ──┬─ 平面构成的基本要素
                        │                     │  素与表现形式       └─ 平面构成的表现形式
                        │                     │                         ┌─ 点元素
                        │                     └─ 平面构成在园林设计中的运用 ┼─ 线元素
                        │                                               └─ 面元素
                        │
                        │                     ┌─ 色彩构成基础 ──────┬─ 色彩构成的概念
                        │                     │                    ├─ 色彩的基本原理
                        │                     │                    ├─ 色彩混合
                        │                     │                    └─ 色彩的对比与调和
                        │                     │                         ┌─ 色彩的心理差异
研习园林设计之构成方法 ─────┼─ 色彩感知与设计 ────┼─ 色彩构成心理与语言 ┼─ 色彩的心理感知
                        │                     │                    ├─ 色彩的情感
                        │                     │                    ├─ 色彩的联想与象征
                        │                     │                    └─ 色彩的采集和重构
                        │                     │                         ┌─ 色彩构成与地面铺装设计
                        │                     └─ 色彩构成在园林设计中的运用 ┼─ 色彩构成与植物造景设计
                        │                                               └─ 色彩构成与水体景观设计
                        │
                        │                     ┌─ 立体构成基础 ──────┬─ 立体构成的起源
                        │                     │                    ├─ 立体构成的基本概念
                        │                     │                    └─ 立体构成的形态美学
                        │                     ├─ 形态 ─────────────┬─ 感受自然形态
                        │                     │                    └─ 感受人工形态
                        │                     │                         ┌─ 点
                        └─ 立体造型感知与设计 ──┼─ 立体构成的造型要素 ─┼─ 线
                                              │                    ├─ 面
                                              │                    └─ 体
                                              │                         ┌─ 单体结构
                                              ├─ 立体构成的基本形式 ┼─ 线立体构成
                                              │                    ├─ 面立体构成
                                              │                    └─ 块立体构成
                                              │                         ┌─ 立体构成与空间序列
                                              └─ 立体构成在园林设计中的应用 ┴─ 立体构成与园林小品
```

项目 5　　学习园林设计规范与制图表达

项目导入

经历了前面几个项目的学习，已经对园林的概念、历史与发展有了初步的认识，了解到了园林设计师身上肩负的责任和历史使命，同时也走进园林，欣赏到了众多的园林之美，学习了园林艺术背后潜藏的设计法则。但如何将心中之景勾描为纸上之园尤为重要，更是所有美好实施的基础。

党的二十大报告提出加快建设国家战略人才力量，努力培养造就更多大师、战略科学家、一流科技领军人才和创新团队、青年科技人才、卓越工程师、大国工匠、高技能人才。"弘扬精益求精的工匠精神，走技能成才之路。"本项目通过绘图训练，培养良好的形象思维能力、表达能力、动手能力、创造能力以及基本美学素养；同时通过严谨、科学的方法掌握工程设计制图的必要常识、制图规范及工程制图中常用的理论知识，为设计课程打下坚实的制图基础。

本项目包含2个任务：（1）认识园林设计规范；（2）学习园林设计制图与表达。

任务 5-1　　认识园林设计规范

任务目标

【知识目标】

1. 理解园林专业的通用术语。

2. 掌握园林制图标准与规范。

【能力目标】

1. 能够灵活运用园林专业的通用术语。

2. 能够根据图纸内容选用图纸。

3. 能够根据图纸内容正确选用图线进行绘制。

4. 能正确识读和表示图纸相关标注。

【素质目标】

1. 树立科学规范的文化观、美学观。

2. 培养感知美并固定美的基础专业认知。

任务描述

结合园林设计图纸的识读，对园林专业通用术语、园林方案中的内容要素、图纸的图幅大小、图框要求、图线线型及线宽的含义、图纸标注内容等有一定的理解和掌握。能设计标题形式并进行工程字体的书写。

任务分析

需要了解一些园林相关专业术语，区分各种概念及内容要点的目标。收集相关资料进行阅读，了解相关的背景知识。针对常见的文字内容进行工程字体练习，并结合不同的项目主题进行标题设计和绘制。学习读图，从优秀图纸中理解不同图线所代表的含义、图纸所需要的标注及应用方式，并收集资料累积形成自己的表达素材。

知识准备

1. 图纸

园林设计图纸中主要使用的纸张有白纸、绘图纸、草图纸、硫酸纸、蓝图等，各类图纸都有其特点，在不同的绘图场景中应用不同。白纸适合练习阶段使用，如普通复印纸；绘图纸是一种质地较厚的绘图专用纸，是设计工作中正式出图常用的纸张类型；草图纸也称拷贝纸，一般用于设计草图绘制；硫酸纸在工程上通常用来制作底图，再通过底图晒制蓝图使用；蓝图是正式图纸的拷贝图，因其颜色为蓝色而得名。

2. 图幅

图幅全称是图纸幅面，指绘制图样的图纸大小，分为基本幅面和加长幅面两种。基本幅面共有5种：A0，A1，A2，A3和A4。具体的尺寸详见表5-1。

表 5-1　图幅尺寸　　　　　　　　　　　　　　　　　单位：mm

幅面尺寸代号	0号图幅（A0）	1号图幅（A1）	2号图幅（A2）	3号图幅（A3）	4号图幅（A4）
$b \times l$	841 × 1189	594 × 841	420 × 594	297 × 420	210 × 297

从表5-1中可以看出，基本幅面的长是宽的$\sqrt{2}$倍，且各相邻幅面的面积大小均相差一倍。

当基本幅不能满足需要时，如绘制图样较长，可采用加长幅面。加长幅面的尺寸由基本幅面的短边成整数倍增加后得出。

3. 图线

画图时，每个图样应根据复杂程度与比例大小，先确定粗线宽b，再确定中粗线$0.5b$和细线$0.25b$的宽度。粗、中、细线为一组，称为线宽组，见表5-2。

表 5-2　线宽组

线宽比	线宽组/mm			
b	1.4	1.0	0.7	0.5
$0.7b$	1.0	0.7	0.5	0.35
$0.5b$	0.7	0.5	0.35	0.25
$0.25b$	0.35	0.25	0.18	0.13

在同一张图纸内，各不同线宽中的细线，可统一采用较细的线宽组的细线；同一张图纸内，相同比例的各图样，应选用相同的线宽组。需要微缩的图纸，不宜采用0.18mm及更细的线宽。

图纸上不同粗细和不同类型的线条都代表一定的意义。线有实线、虚线、点画线、折断线与波浪线。图线主要分为3种宽度，分别是粗线、中粗线和细线，在实线的表达中也可根据内容需要有极粗线和极细线，见表5-3。

表 5-3 设计图纸图线的线型、线宽及主要用途

名称		线型	线宽	一般用途
实线	极粗		$2b$	地面剖断线
	粗		b	1）总平面图中建筑外轮廓线、水体驳岸线顶线； 2）剖断线
	中粗		$0.5b$	1）构筑物、道路、边坡、围墙、挡土墙的可见轮廓线； 2）立面图的轮廓线； 3）剖面图未剖切到的可见轮廓线； 4）道路铺装、水池、挡墙、花池、座凳、台阶、山石等高差变化较大的线； 5）尺寸起止符号
	细		$0.25b$	1）道路铺装、挡墙、花池等高差变化较小的线； 2）放线网格线、图例线、尺寸线、尺寸界线、引出线、索引符号等； 3）说明文字、标注文字等
	极细		$0.15b$	1）现状地形等高线； 2）平面、剖面中的纹样填充线； 3）同一平面不同铺装的分界线
虚线	粗		b	新建建筑物和构筑物的地下轮廓线，建筑物、构筑物的不可见轮廓线
	中粗		$0.5b$	1）局部详图外引范围线； 2）计划预留扩建的建筑物、构筑物、铁路、道路、运输设施、管线的预留用地线； 3）分幅线
	细		$0.25b$	1）设计等高线； 2）各专业制图标准中规定的线型
单点画线	粗		b	1）露天矿开采界限； 2）见各有关专业制图标准
	中		$0.5b$	1）土方填挖区零线； 2）各专业制图标准中规定的线型
	细		$0.25b$	1）分水线、中心线、对称线、定位轴线； 2）各专业制图标准中规定的线型
双点画线	粗		b	规划边界和用地红线
	中		$0.5b$	地下开采区塌落界限
	细		$0.25b$	建筑红线
折断线	细		$0.25b$	断开线
波浪线	细		$0.25b$	断开线

4. 图例

　　图例是制图图面上用来指代常用事物的符号，通常情况下，图例在图纸中有固定的表达方法。图纸绘制常用图例应符合表5-4的规定，注意表达时遵循形式、线型、线宽等要求：原有等高线采用细实线，是因为设计底图中的地形一般为细实线，为了区别把设计等高线用细虚线表示；石假山指自然石堆叠的假山，采用砖、混凝土、彩色水泥砂浆等建筑材料塑造的假山为人工塑山，需要文字说明；水体图例多用于总平面图中，在施工图中应根据具体情况用结构线及等深线进行表达，跌水、瀑布为不同标高的水景，旱涧（旱溪）指旱季一般无水或断续有水的山涧溪流，溪涧指两岸多石滩的小溪；绿化，在总平面图中不宜绘制植物，可以用填充表述；常用景观小品分两类，第一类如花架、座凳、花台平面，因为具体形状不同，要依据设计形状进行绘制，第二类如雕塑、园灯、饮水台、标示牌、垃圾桶等，这一类的图例只表示位置而不表示具体形状。以上图例常见形式详见任务5-2中相关内容。其他图例应符合现行国家标准《总图制图标准》（GB/T 50103—2010）和《房屋建筑制图统一标准》（GB/T 50001—2017）中的相关规定。

表 5-4　设计图纸常用图例

序号	名称	图形	说明
建筑			
1	温室建筑		依据设计绘制具体形状
等高线			
2	原有等高线		用细实线表达
3	设计地形等高线		施工图中等高距值与图纸比例应符合如下的规定。 图纸比例1：1000，等高距值1.00m； 图纸比例1：500，等高距值0.50m； 图纸比例1：200，等高距值0.20m
山石			
4	山石假山		依据设计绘制具体形状，人工塑山需要标注文字
5	土石假山		包括土包石、石包土及土假山，依据设计绘制具体形状
6	独立景石		依据设计绘制具体形状
水体			
7	自然水体		依据设计绘制具体形状，用于总图
8	规则水体		依据设计绘制具体形状，用于总图
9	跌水、瀑布		依据设计绘制具体形状，用于总图
10	旱涧		包括旱溪，依据设计绘制具体形状，用于总图

（续）

序号	名称	图形	说明
11	溪涧		依据设计绘制具体形状，用于总图
绿化			
12	绿化		施工图总平面图中绿地不宜标示植物，以填充及文字进行表达
常用景观小品			
13	花架		依据设计绘制具体形状，用于总图
14	座凳		用于表示座椅的安放位置，单独设计的根据设计形状绘制，文字说明
15	花台、花池		依据设计绘制具体形状，用于总图
16	雕塑	雕塑 雕塑	
17	饮水台		仅表示位置，不表示具体形态，根据实际绘制效果确定大小，也可依据设计形态表示
18	标识牌		
19	垃圾桶		

方案设计中的植物设计图应区分乔木（常绿、落叶）、灌木（常绿、落叶）、地被植物（草坪、花卉）。有较复杂植物种植层次或地形变化丰富的区域，应用立面图或剖面图清楚地表达该区植物的形态特点。植物具体图例形式详见任务5-2。

5. 比例

比例是表示图上一条线段的长度与地面相应线段的实际长度之比，它也是建筑、设计和测绘行业绘制平面图、设计图和地图等图纸时使用的工具。其主要功能是方便绘图人员精确地在面积有限的图纸上绘制大尺寸物体按比例缩小的图形，或测量图上形状对应现实中物体的大小。园林图纸表达的阶段不同，所需要的具体图纸类型也不同，这些图纸的比例根据项目规模、复杂程度、表现深度的不同而异，应以能够清楚地表达本阶段需要表达的内容为选择原则。下面以方案设计阶段的图纸类型和常用比例进行说明，见表5-5。

表 5-5　方案设计图纸常用比例

图纸类型	绿地规模/hm²		
	≤50	≥50	异形超大
总图类（用地范围、现状分析、总平面、竖向设计、建筑布局、园路交通设计、种植设计、综合管网设施等）	1∶500、1∶1000	1∶1000、1∶2000	以整比例表达清楚或标注比例尺
重点景区的平面图	1∶200、1∶500	1∶200、1∶500	1∶200、1∶500

6. 字体

在正规工程图纸表达中，引出说明、设计说明等需要书写文字进行表达，常用仿宋字。仿宋字是由宋体字演变而来的长方形字体，它笔画匀称明快，书写比较方便，因而是工程图纸中最常用的字体。在标题和加重表达时，可用黑体字，黑体字为正方形粗体字（图5-1）。

图 5-1　仿宋字示例

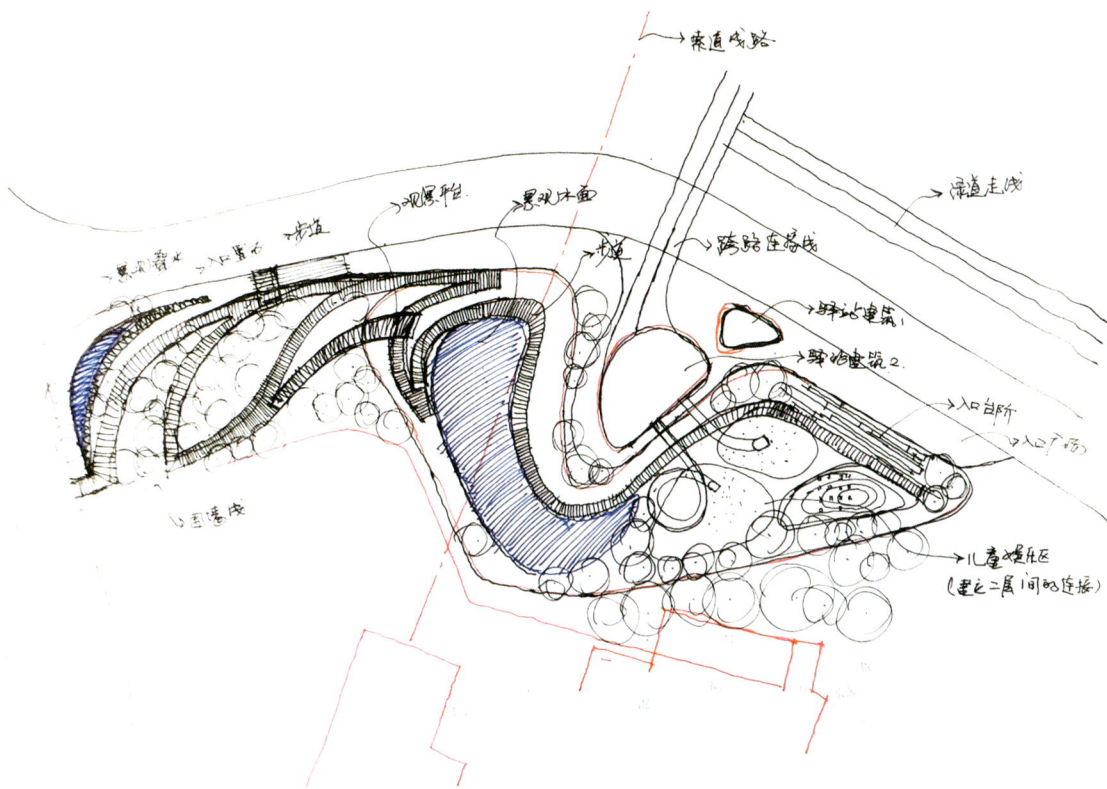

在手绘草图方案图纸中，字体使用要求则较为宽松，普通的手写体或艺术字体均可，字体清晰、表达完整即可（图5-2）。

图 5-2　手绘方案中的字体

7. 标注

标注是按照现行国家标准《房屋建筑制图统一标准》（GB/T 50001—2017）中尺寸标注的相关规定进行绘制，但风景园林设计中也有一些特殊的标注，因此特别进行了规定。初步设计和施工图设计图纸中常见的标注可参见表5-6。

表 5-6　初步设计和施工图设计图纸的标注

序号	名称	图形	说明
1	设计 等高线	—— — 6.00 — —— —— 5.00 —— —— 4.00 ——	等高线上的标注应顺着等高线的方向，字的方向指向上坡方向。标高以米为单位，精确到小数点后第2位
2	设计高程 （详图）	5.000　5.490 或 0.000 （常水位）	标高以米为单位，注写到小数点后第3位；总图中标写到小数点后第2位；符号的画法见现行国家标准《房屋建筑制图统一标准》GB/T 50001
	设计高程 （总图）	⊕6.30（设计高程点） ○6.25（现状高程点）	标高以米为单位，在总图及绿地中注写到小数点后第2位；设计高程点位为圆加十字，现状高程为圆
3	排水方向	——————▶	指向下坡
4	坡度	$i=6.5\%$ 40.00 ▶	两点坡度 两点距离
5	挡墙	5.000 ▽（4.630）	挡墙定标高（墙底标高）

8. 标注符号

　　园林方案设计与施工图设计阶段常用的标注符号有剖切符号、索引符号、详图符号、引出线、指北针和比例尺等（图5-3）。

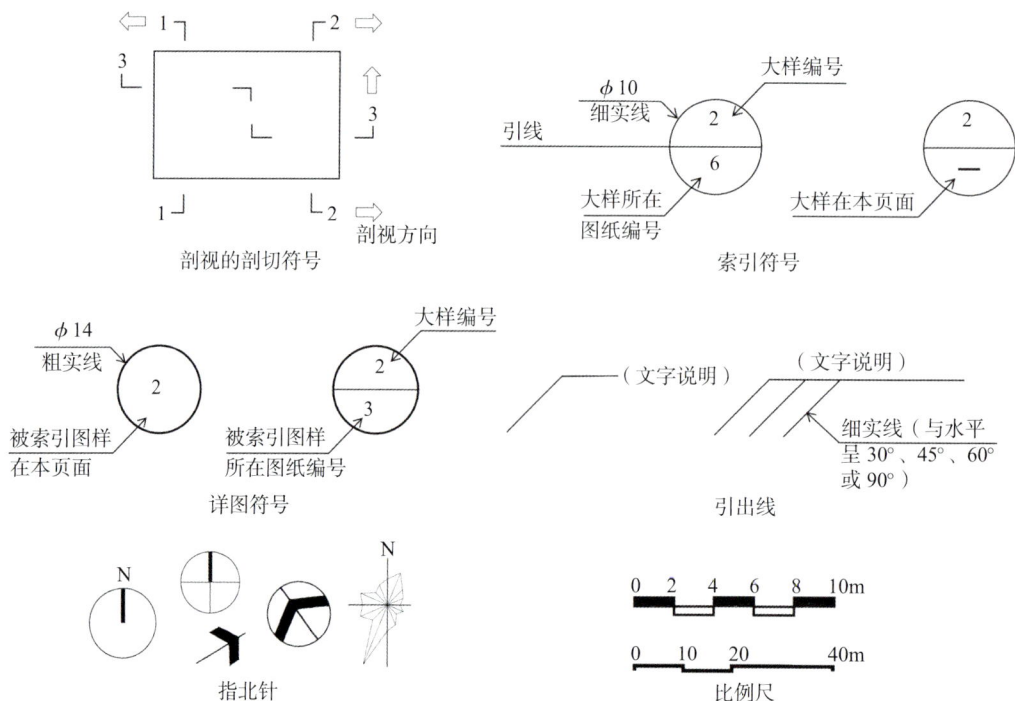

剖视的剖切符号　　　索引符号

详图符号　　　引出线

指北针　　　比例尺

图 5-3　标注符号

🍃 任务实施

1. 理解并叙述园林专业通用术语的含义

认真研读《风景园林基本术语标准》（CJJ/T 91—2017），结合课堂上教师所讲的园林专业通用术语，分组讨论，并加深理解，然后每组分别选派代表进行论述，并与教师进行讨论。

2. 识读风景园林设计制图规范

①由教师出具几套样例图纸，学生对图名、比例尺、指北针、图例等进行识读，对园林各要素在图纸中的位置和组合形态进行识读，并对照《风景园林制图标准》（CJJ/T 67—2015）分组讨论，找出图纸中不规范的内容。

②对不规范的内容进行更正。

3. 绘制字体、标注、符号等

1）绘制工具及材料准备

A3图纸、铅笔、针管笔、三角板、丁字尺、平行尺等。

2）绘制内容

①工程字体的书写。根据长仿宋字体的规格大小，打格子书写工程字体，要求字迹清楚。

②标题的设计与书写。对标题进行艺术设计并打格子进行书写，如快题设计等。

③各类标注、符号的绘制。在遵循制图规范的基础上，绘制剖切符号、指北针、图名、比例尺等。

④样图的抄绘。综合运用相关制图标准与规范，抄绘教师给定样图。

3）绘制要求及注意事项

绘制过程中，先打铅笔底稿再上墨线，成果形式为墨线稿。完成过程中需要注意以下问题。

①对图纸版面进行一定的设计，图形位置和距离合理，构图均衡美观。

②绘制均采用尺规作图。

③抄绘样图时，需注意比例尺及标准图例使用的规范性。

🍃 考核评价

姓名		任务内容		认识园林设计规范						
序号	考核项目	考核内容	等级				分值			
			A	B	C	D	A	B	C	D
1	学习态度	态度认真,积极主动,绘图仔细	好	较好	一般	较差	15	12	9	6
2	内容过程	能根据工程字体的大小、标题设计需要打格子书写,各类标注符合制图规范,同时具有一定的美感	好	较好	一般	较差	25	20	15	8
3	综合能力	能收集各种标题、标注等表达方式并进行模仿应用,可在此基础上进行创新表达	好	较好	一般	较差	30	25	15	10
4	学习成果	成果表达规范,内容准确,具有一定的美观性	好	较好	一般	较差	30	25	15	10
合计得分										

任务 5-2　学习园林设计制图与表达

任务目标

【知识目标】

1. 熟悉园林制图工具及其使用方法。

2. 熟练掌握园林设计要素的绘制方法。

3. 熟练掌握园林平面图、立面图、剖面图的绘制方法。

4. 熟练掌握轴测图绘制方法。

5. 熟练掌握透视图绘制方法。

6. 了解计算机制图及模型等其他设计形式与表达。

【能力目标】

1. 能够熟练使用制图工具。

2. 能够熟练应用园林设计要素表达形式。

3. 能够利用平面图、立面图、剖面图表达园林设计内容。

4. 能够合理选取效果图形式表达园林空间设计效果。

5. 能进行园林设计方案模型制作。

【素质目标】

1. 培养获取信息、分析及借鉴的基本能力。

2. 培养解决问题和动手操作的基本能力。

3. 培养审美意识。

4. 培养空间想象力。

5. 培养工匠精神。

任务描述

分组进行校园绿地节点测绘，为尺规作图提供基础数据。根据测绘数据进行平面图、立面图、剖面图的绘制，尝试绘制效果图，从而完成校园环境的模型制作。

任务分析

针对本次任务，首先在理解园林平面图、立面图、剖面图和效果图的表达基础上，熟悉正确的基本图类表达方法。然后通过收集园林设计要素、设计方法和画法，积累方案图纸表达的素材，对设计要素有初步的认识。再通过校园场地测绘，认识园林设计要素与图纸表达的对应关系，锻炼图纸的绘制技能与技法，进一步熟悉图纸的规范表达。最后，根据测绘所得数据绘制图纸，利用常见的模型材料，进行校园休闲绿地的模型制作，以便进一步理解比例和尺度的概念，对园林景观要素组合有进一步的认识。

🍃 知识准备

1. 制图工具及线条画法

1）制图常用工具及其使用

（1）尺规类

①丁字尺、三角板、平行尺 这是最常用的工具线条绘图工具。使用前必须擦干净，使用中需要注意：丁字尺尺头必须紧贴图板左侧工作边，不可贴其他边，三角板必须紧靠丁字尺上边缘；画水平线，丁字尺应自上而下移动，运笔方向从左至右；画垂直线，三角板应从左至右移动，运笔方向自下而上；画多条水平线，用手按住平行尺，沿着尺边画出第一条水平线，然后将尺子上下移动，重复运笔；画多条垂直平行线，把笔插入尺边的小孔内，上下滑动平行尺即可。

②比例尺 三棱尺是常见的比例尺，有6种比例刻度。比例尺上刻度所注的长度，就代表了要度量的实物长度，如1∶100比例尺上1m的刻度，就代表了1m长的实物。因为实际尺上的长度只有10mm即1cm，所以用这种比例尺画出的图形上的尺寸是实物的1/100，它们之间的比例关系是1∶100。园林常用比例尺及其换算见表5-7所列。

表 5-7 各类园林图样常用比例尺举例

图样名称	比例尺	代表实物长度/m	图面上线段长度/mm
总平面图或区位图	1∶300	30	100
	1∶500	50	100
	1∶1000	100	100
平面图、立面图、剖面图	1∶50	10	200
	1∶100	20	200
	1∶200	40	200
细部大样图	1∶20	2	100
	1∶10	3	300
	1∶5	1	200

③圆模板、曲线板（曲尺）　园林平面图中，有很大的面积被植物覆盖。植物的正投影大多为圆形，因而绘制图纸时需要使用不同尺寸的圆绘制不同的植物图例。圆模板是绘制圆的辅助工具，是常用的模板。园林中也常用曲线进行设计，因而常用曲线板或曲尺来绘制曲线部分。

（2）笔类

①铅笔　对于草图的绘制，铅笔是最常用的工具，较适合设计方对设计方案进行反复推敲。铅笔选用应以软性为宜，常用的型号为2H、H、HB、B、2B。铅笔有黑色与彩色两类。在进行方案表现图绘制时，可选用黑色铅笔，绘制完成将铅笔痕迹擦除；绘制彩色表现图时，用水溶性彩色铅笔起稿，铅笔色彩会与后续色彩融合，这样可以尽量保持画面干净整洁，不会对后期上色产生影响。也可用绿色和咖啡色的彩色铅笔绘制草图，以区分软质景观和硬质景观部分，对设计内容有更清晰的展示。草图中要求铅笔线条整洁，线条光滑流畅、粗细均匀、交接清楚。

②钢笔、水笔　钢笔的黑白表现图是效果草图表现中最基础、应用最广泛的类型，称为钢笔速写，它是从事设计行业的人员应具备的基本专业技能。钢笔速写的练习可以培养设计师的形象思维与形象记忆，使之能手眼同步地快速构建设计对象。钢笔应选择笔尖光滑并具有一定弹性的，且其正反两面均能画出流畅的线条。若要使画面线条有粗细之分，还可选择美工笔等，这类笔可以随用笔的方向、轻重不同产生不同粗细的线条，使画面自然生动。另外，还要注意钢笔的保养，墨水易沉淀，很容易堵住笔尖，导致运笔不顺畅。钢笔要经常清洗，以保证笔尖出水的流畅。现在也经常用水笔代替钢笔，使用更为方便，也可取得相应的效果。

③针管笔　针管笔有注水笔与一次性笔两种。注水笔的笔尖细软，绘画时要立起笔杆使笔杆与画面垂直，且笔尖容易被纸面纤维堵住，适合绘制施工图，不太适合用来绘制手绘效果图。一次性笔也称为勾线笔，笔头没有空隙，不会出现堵塞笔尖的现象。现选用一次性针管笔的较多。根据笔头的粗细不同分为多种型号，一般0.05~1.2mm，可根据绘图时的线宽，选择相应的型号进行绘制，使其符合制图规范，同时增加画面层次感。使用针管笔时要注意笔杆的角度，不可使笔尖向外或向里斜，行进的速度要均匀，线条流畅光滑、粗细一致、交接清楚。

④马克笔　马克笔也叫记号笔，是一种书写或绘画用的绘图彩色笔。马克笔一般分油性和水性两种。前者的颜料可用甲苯稀释，有较强的渗透力，尤其适合在描图纸（硫酸纸）上作图；后者的颜料可溶于水，通常用于在较紧密的卡纸或铜版纸上作画。马克笔的色彩较多，可根据园林图纸的特点选择对应色彩。

2）工具线条画法

用尺规和曲线板等绘图工具绘制，以线条特征为主的工整图样称为工具线条图。工具线条图的绘制是园林设计制图最基本的技能。绘制工具线条图应熟悉和掌握各种制图工具的用法以及线条的类型、等级、所代表的意义等。工具线条应粗细均匀、光滑流畅、交接清楚。画墨线工具线条时只考虑线条的等级变化；画铅线工具线条时除了考虑线条的等级变化外，还应考虑铅芯的浓淡，使图面线条对比分明。通常剖断线最粗最浓，形体外轮廓线次之；主要特征的线条较粗较浓，次要内容的线条较细较淡。线条的加深与加粗，见表5-8所列。

墨线的加粗，可先画边线，再逐笔填实。如一笔就画粗线，由于下水过多，容易在起笔处胀大，纸面也容易起皱。

表 5-8　线条的加深与加粗

工具线条画法	正确	不正确
稿线为粗线的中心线		
两稿线距离较近时沿稿线向外加粗		
粗线接头		

3）徒手线条画法

徒手画是从事园林设计需要掌握的表现技巧，徒手线条是其基本形式。徒手画用途广泛，收集资料、设计草图、记录参观等都离不开徒手画，还可作初步设计的表现图。各种便携易用的笔都可用来绘制徒手画。初学者经常练习徒手画，有助于提高对园林及其周围环境的观察、分析和表达能力。

徒手线条不需要依靠尺规而绘制，主要使用钢笔、水笔和针管笔。学习徒手线条画法的第一步是练手，即做大量的各种线条的徒手练习。可以利用一些零碎时间随时随地地勤写多练，这样才能熟能生巧，达到笔法熟练、线条流畅。除了单线练习，徒手画更强调线条的组合。线条的曲直、长短、方向、组合的疏密、叠加方式各不相同，因而它们的排列组合千变万化。线条方向产生的方向感和线条组合后残留的小块白色底面给人以丰富的视觉印象（图5-4）。因此，在徒手画中可以选择不同线条的组合表现园林景观。

（1）单线

单线练习主要包括水平线条、垂直线条、倾斜线条、抖动线、波浪线等。将单线进行组合，能模拟各种不同的效果。

（2）线条组合

①表现光影变化　直线、曲线、点或小圈的组合或叠加，都可以表现光影效果（图5-5）。运用过程中需要注意：根据光影变化来组织线条的疏密，形成由明到暗、由浅到深的效果；要根据不同材料的表面特征和质地来选择适当的线条组合，如草地宜取连续的细曲线，平滑的表面宜取连续直线，石块或抹灰墙面宜取直线或散点等，用光影变化来进一步丰富视觉印象；在同一画面中，同一类型的表面光影变化采用的线条组合方式要尽量统一，否则将使画面不协调，达不到预想的光影效果。

图5-4　线条练习

②表现不同质感　可以选择不同的线条变化形式表现表面光滑或粗糙、形体厚重或松软、纹理稀疏或稠密等。园林设计中常用线条组合来表现不同树叶、铺装、草坪、地被等的质感（图5-5）。

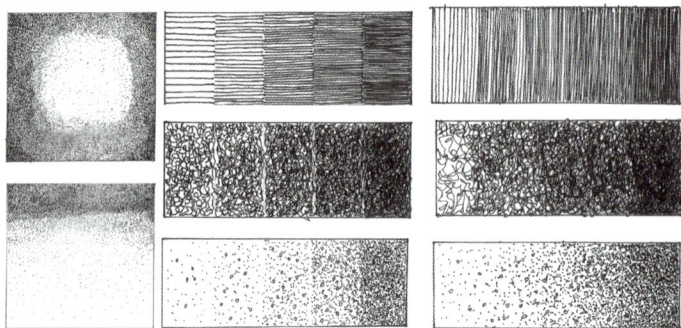

图5-5　线条组合

2. 园林设计要素的认知与表现

园林设计的基本要素有地形、植物、水体、建筑、园路、铺装、小品等。现代园林设计注重综合运用科学技术和艺术手段来保护、利用和再造自然，创造功能健全、生态友好、景观优美、文化丰富、具有防灾避险功能的、可持续发展的环境。

1）园林地形的认知与表现

地形设计在园林中常被称为竖向设计。园林中常见的地形包括土丘、台地、斜坡、平地，或因台阶和坡道所引起的水平面变化的地形。

（1）地形的表现方法

在园林图纸中，地形的表现主要分为平面表现、剖面表现及透视表现。平面的地形表现方法有等高线法和高程标注法，两者也经常结合应用（图5-6）。

等高线法是最常见也是最基本的图示表示方法，在此基础上可获得地形的其他直观表现，如地形剖面图等（图5-7、图5-8），将透视与剖面相结合，综合表现。

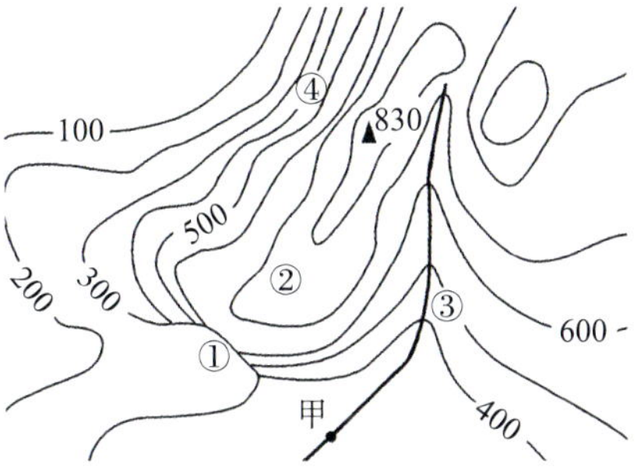

等高线法 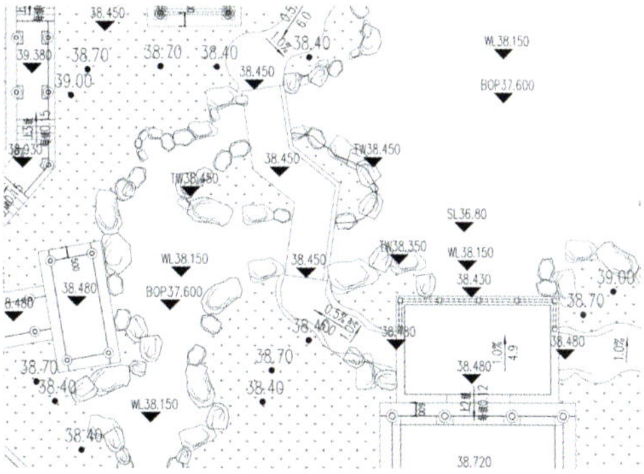　　　　　　　　　　　　　　　　　　高程标注法

图 5-6　等高线法、高程标注法示意

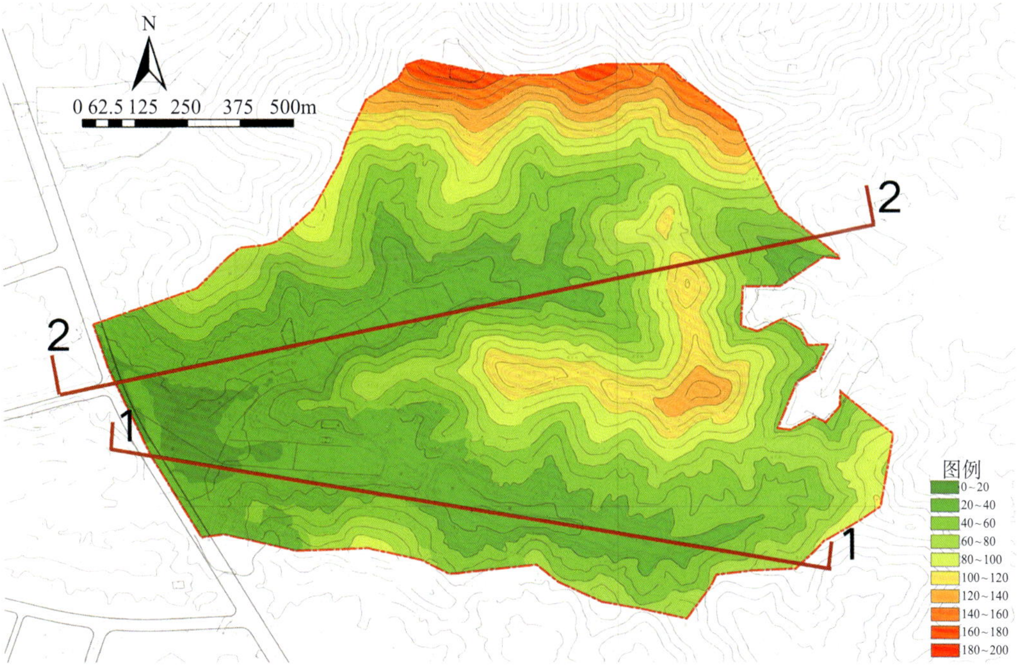

图 5-7　南山风景区场地高程分析

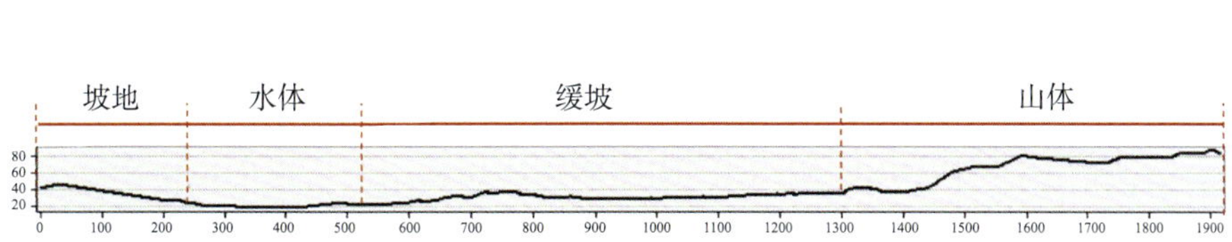

1-1 南区剖面图

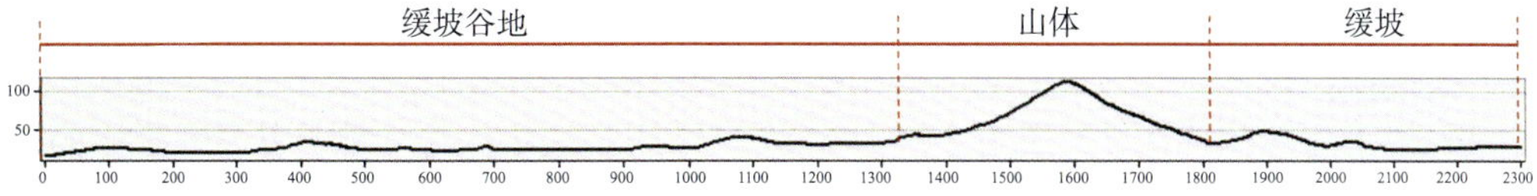

2-2 北区剖面图

图 5-8　地形剖面图（单位：m）

在各类设计规范中，通常用坡度描述地面的倾斜情况。坡度是表达地表单元陡缓的程度，通常把坡面的垂直高度h和水平方向距离l的比叫作坡度（或坡比），用字母i表示。园林地形设计中常用坡度见表5-9所列。

表 5-9　园林地形设计中常用坡度一览表

坡度	坡度图示	地形性质	空间特点	适宜活动
100%（1：1）	$i=1:1$	急坡； 陡峭，压迫感	封闭空间； 视域封闭； 强烈的空间分隔感； 形成空间围合	人难于在平面上站立，不宜开展停留的活动，不宜设台阶游步道，需要做硬质材料护坡
50%（1：2）	$i=1:2$	急坡	视线受阻隔； 强烈的空间分隔感	人难于在平面上站立，不宜开展停留的活动，可设台阶游步道
33.34% （1：3）	$i=1:3$	陡坡	视线受影响； 轻微的空间分隔感	人可以站立，但不舒适，有滑落危险，不宜开展停留的活动，可设台阶游步道
20%（1：5）	$i=1:5$	中坡； 微陡	视域开敞； 轻微的空间分隔感	人可站立其上，基本无不适感，可以作为斜坡草坪，开展相应的活动
10%（1：10）	$i=1:10$	缓坡； 平缓，舒展	视域开敞； 空间延续	人可站立其上，基本无不适感，可以作为斜坡草坪，开展相应的活动
3%（1：33.4）	$i=1:33.4$	缓坡； 平缓，舒展	视域开敞； 空间延续	人可行走其中，无坡度感，可以作为斜坡草坪，开展相应的活动

（2）地形的主要类型

①自然地形　自然地形包括凹地形、谷地、凸地形、山脊与岭等。自然地形通常通过等高线法来表达。

凹地形：是比周围环境地势低的地形。凹地形视线较封闭，空间呈积聚性，既可观景，又可布景。凹地形易形成孤立感和私密感，空间具有低落幽曲之美（图5-9）。

谷地：与凹地形相似，具有虚空间的特征。谷地呈线状，具有方向性。

凸地形：表现形式有土丘、丘陵、山峦以及小山峰。凸地形以等高线法表示为环形同心的等高线围绕所在地面的制高点。凸地与平坦地形相比，是一种具有动态感和进行感的地形（图5-10）。

山脊与岭：总体上呈线状，与凸地形相似，脊地可限定空间边缘，调节小气候。与谷地相似，呈线状，具有方向性（图5-11）。

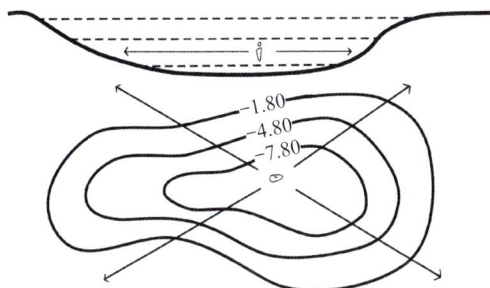

图 5-9 凹地形

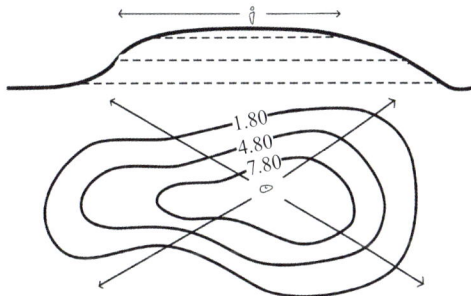

图 5-10 凸地形

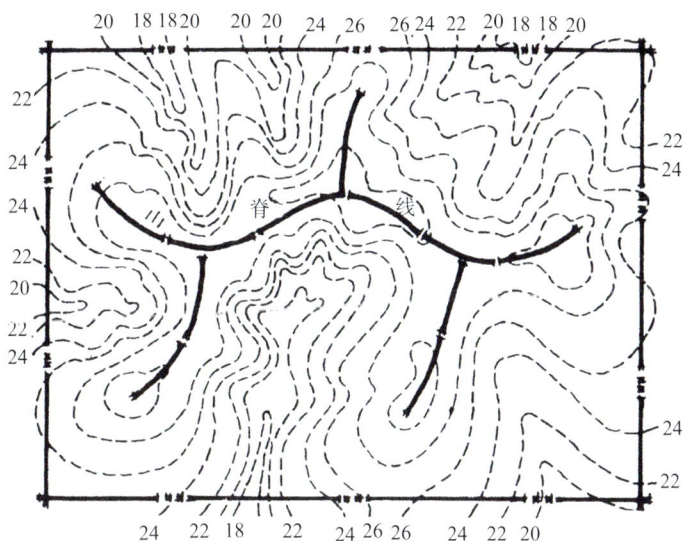

图 5-11 山脊

②山石 山石是园林中构成地形的重要元素，在中国古典园林里，石是园之"骨"，也是山之"骨"。

假山（图5-12）：自然的真山具有林泉丘壑之美，是假山的模拟对象。假山的类型可从两个方面来划分：一是用材，有土山、石山以及土石山3类；二是游览方式，有可观赏的山、可观可游的山两类。

置石：在园林中运用广泛，庭院、水畔、墙隅、路旁、树下无不相宜，包括特置、散置、群置等。以石材为元素的造景，可选的石头有黄石、湖石、英石、千层石、灵璧石、石笋石、花岗石等。

2）园林植物的认知与表现

植物是具有一定形态、大小、色彩与质感的生命有机体，景观特征多样。以植物为设计素材进行园林景观的创造是园林设计所特有的。由于植物是具有生命的设计要素，因此，利用植物材料造景在满足功能及艺术需要的同时，更应考虑植物本身所需的环境及与其他植物的关系，做到适地适树。

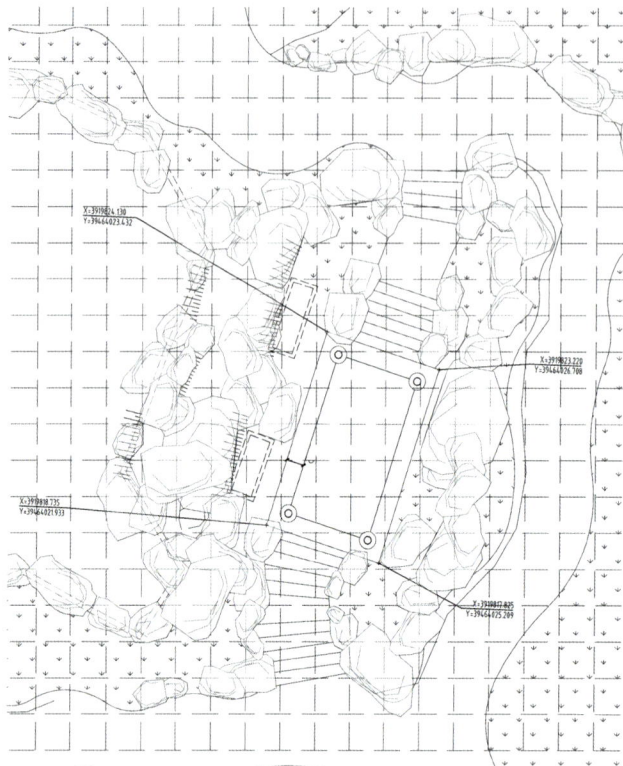

图 5-12　假山的平面、立面表现

（1）植物类型

以植物特性及园林应用为主，结合生态进行综合分类，主要有木本和草本两大类。

①木本植物　按照植物的高度、外观形态可以分为乔木、灌木、木质藤本三大类。藤本植物应用较为特殊，可以结合墙、廊架做垂直植物景观，有些种类也可覆盖地面作为地被，这里主要讨论乔木、灌木。乔木和灌木按照其高矮可以再分为大乔木、中乔木、小乔木、高灌木、中灌木、矮灌木等类型（图5-13、图5-14）。

②草本植物　主要包括一、二年生花卉，宿根花卉，球根花卉，水生花卉等。

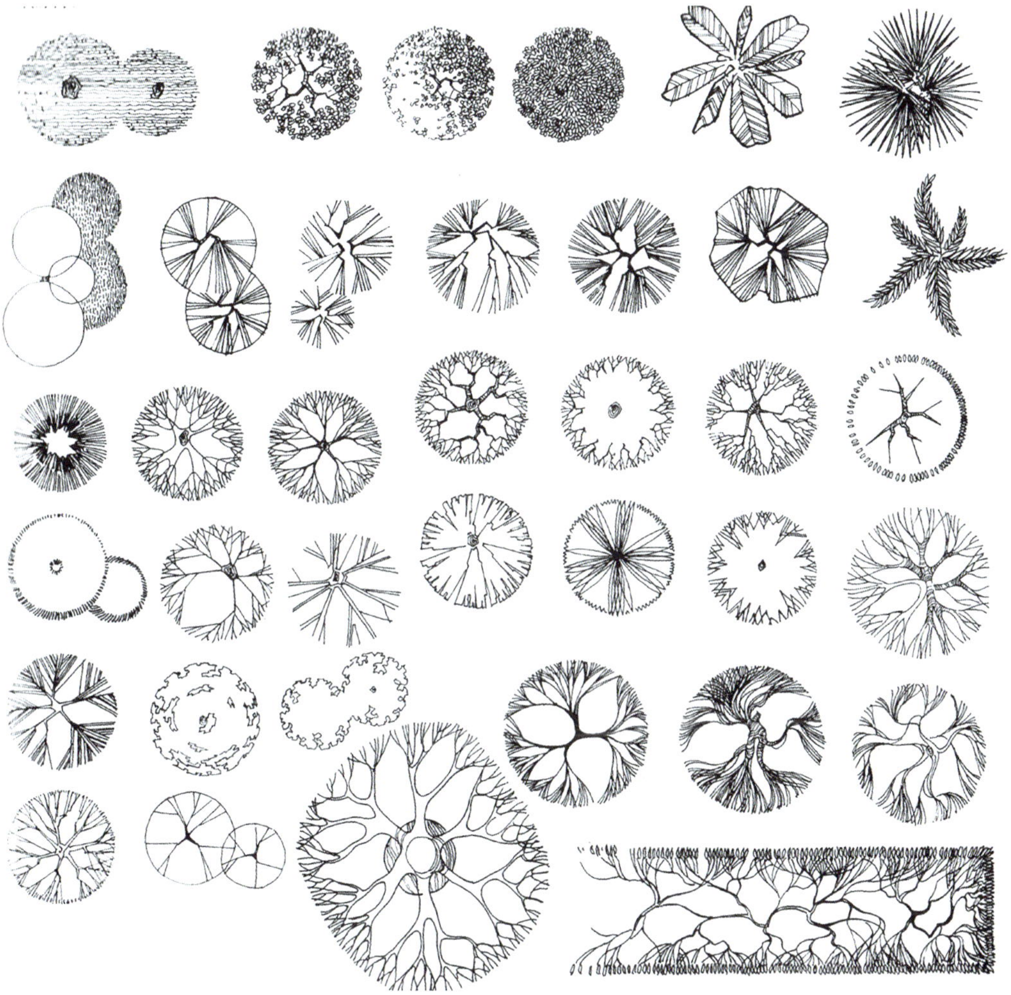

图 5-13　木本植物平面画法

图 5-14　木本植物立面画法

（2）植物规格

在园林植物应用过程中需要熟悉不同植物的规格，以便更好地形成植物空间。在图纸表达上，也需要体现不同类型植物的规格。通常在图纸中能反映乔灌木的个体大小。平面图中平面投影多呈现为圆形，可通过不同的植物图例表示不同的植物品种，立面图中则可体现植物的不同姿态。花卉、地被、草坪等通常在平面图中体现群体应用的范围边界，立面图中则很少体现。植物常用规格可参见表5-10。

表 5-10 植物常用规格   单位：m

植物类型	大乔木	中乔木	小乔木	高灌木	矮灌木	地被植物
平面（冠幅）	5~8	4~5	3~5	2~3	0.8~1.5	成片应用
立面（高度）	>12	9~12	4.5~9	2~4.5	0.3~2	<0.3

（3）植物种植设计图纸表现

园林植物的应用不是孤立的，需要做整体考虑，创造园林植物空间，形成优美的植物景观，并提供生态价值。在植物种植设计中，主要考虑平面结构和垂直结构类型。

平面结构类型侧重植物景观在平面构图上的疏密通透以及前景、中景、远景的合理搭配和林缘线的组织，而垂直结构类型侧重的则是植物景观林冠线的起伏和上层景观、中层景观、下层景观的纵向复合或单一模式的种植形式（图5-15）。

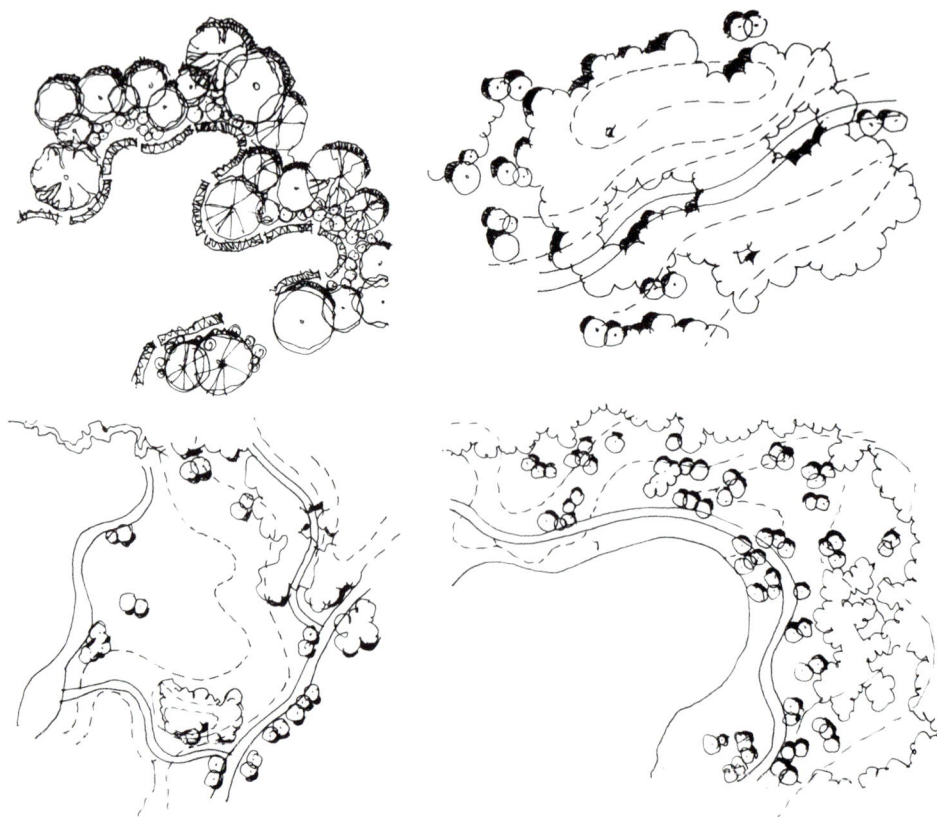

图 5-15 植物的平面结构

①平面结构类型 一般来说，根据人们视线的通透程度可将植物的空间分为开敞空间、半开敞空间、封闭空间等，设计师应使不同形态、规格及观赏特性的植物在平面上形成不同空间围合形式、长宽比等空间关系，进而构成不同的空间类型。

开敞空间：是指在一定区域范围内，由植物作为主要空间构成要素，人的视线高于四周景物的空间，如大草坪。这类空间视线通透，开朗旷达，无私密性。草坪、地被、低矮灌木都是构成开敞空间的天然基底植物，通过不同的高度和不同种类的基底植物来界定空间，暗示空间的范围，能够形成典型的开敞空间。

半开敞空间：是指在一定区域范围内，四周不完全开敞，而是部分区域用植物阻挡了人的视线，人的视线时而通透、时而受阻，富于变化。

封闭空间：是指空间各界面均被植物封闭，人的视线被完全屏蔽、空间封闭，具有极强的隔离感（图5-16）。

②垂直结构类型 在园林植物设计中，植物群落的立体层次对形成功能合理、景观优美的植物景观非常重要。在垂直界面上，植物通过几种方式限制着空间和影响着空间感。垂直结构上，种植层次可分为上木、中木、下木，上木的树冠和树干限制着空间范围，详见表5-11。

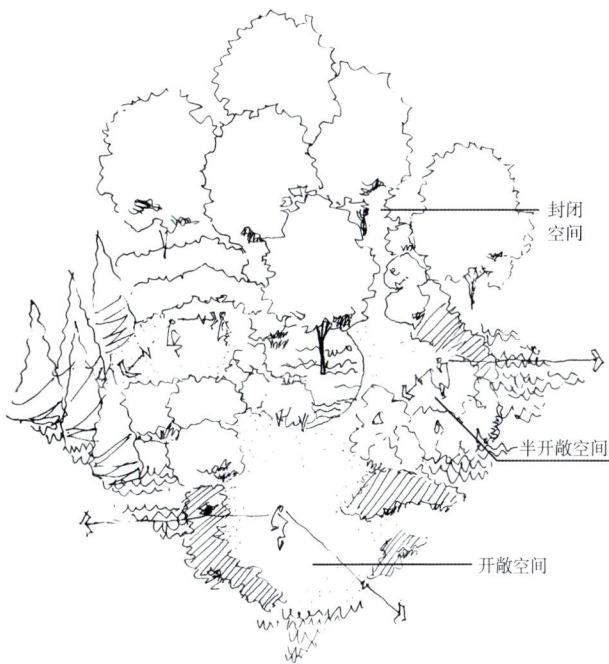

图 5-16 植物的空间结构

表 5-11 植物种植层次及对应的植物类型

类型	层次	典型结构	种植形式
木本	上区	上、中、下结构	乔木+中木+低灌
		上、下结构	乔木+低灌
		单上木结构	孤植
	中区	中、下结构	中木+低灌
		单中木结构	孤植
	下区	单下木结构	球类孤植、模纹
草本	草区	地被	花境、草坪、草花
		草坪	

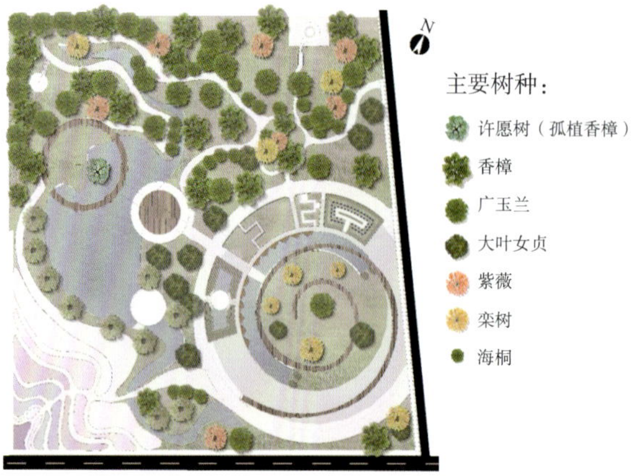

图 5-17   园林植物种植方案

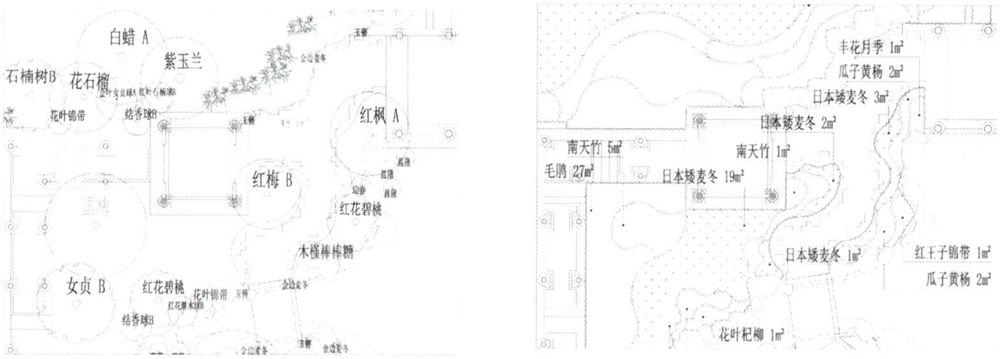

上木图

下木图

图 5-18   园林植物种植施工图

在不同的绿地类型中，可以通过合理选择丰富的植物品种来形成多层次的复合结构的植物景观，也可以通过选择简单的一种或几种植物形成简洁的植物景观，主要根据不同的空间条件及与周围其他园林要素的有机结合情况，形成一个相融相辅、丰富多彩的景观环境。园林植物种植设计图在方案设计阶段和施工图设计阶段的表达重点不同，前者侧重上木的体现，表达植物空间的基本形式，而后者通常分层表示上木和下木的植物配置，层次复杂时也可以将中木进行分层表达，使得各层次的植物完全展示出来（图5-17、图5-18）。

3）园林水体的认知与表现

（1）水体的景观特性

水有喷、流、滞、落4种运动方式，反映了水从源头（喷涌的）到过渡（流动的或跌落的）、再到终结的一般运动趋势。因此，景观中的水体有平静的、流动的、跌落的、喷涌的4种基本形式。水景设计中可以采用其中的一种，也可以是多种形式的组合。

（2）水体造景形式

景观中的水体可划分为规则式与自然式两种基本类型。岸形呈几何形状的规整水体，即规则式水体。规则式水体富于秩序感，易成为视觉中心，但若处理不当，容易呆板。自然式水体指岸形曲折、富于自然变化的水体。以下介绍常见的几种水景设计。

①规则式水池   规则式水池是人造的蓄水设施，池边缘线条挺括分明，池的外形为几何形，但并不限于圆形、方形、三角形和矩形等典型的纯几何图形。

②自然式水池   自然式水池在设计上比较自然或半自然，可以是人造的，也可以

是自然形成的。外形通常由自然的曲线构成，这种形象最适合于乡村或大的公园。

③流水　流水指被限制在有坡度的渠道中的，由于重力作用而产生自流的水，如自然界中的江河、溪流等。流水作为一种动态因素，常用来表现具有运动性、方向性和生动活泼的室外环境。流水的特征取决于水的流量、河床的大小和坡度，以及河底和驳岸的性质。

④瀑布　瀑布是流水从高处突然落下而形成的，常作为室外环境的视觉焦点。瀑布可分为自由落瀑布、叠落瀑布、滑落瀑布。瀑布设计中，可以综合使用以上3种类型的瀑布，彼此之间相互补充，形成多样化的造型。

⑤喷泉　喷泉是利用压力，使水通过喷嘴喷向空中。喷泉的水喷到一定高度后便又落下。喷泉配合灯光、小品等，可放置于园林的中轴线上、入口、花坛中央、广场和重要建筑前。喷泉可分为4类：单射流喷泉、喷雾式喷泉、充气喷泉、造型式喷泉。

（3）水体的平面、立面表现方法

水体的平面表现方法通常有线条法、留白法、平涂法等。通过不同的方法将水体区域与其他材质区域加以区别，来实现对水体的表现。用工具或徒手排列的平行线条表示水面的方法称为线条法。作图时，既可以将整个水面全部用线条均匀地布满，也可以局部留有空白，或者只在局部画些线条。线条可采用波纹线、水纹线、直线或曲线（图5-19）。

水体的立面画法与平面画法类似（图5-20）。

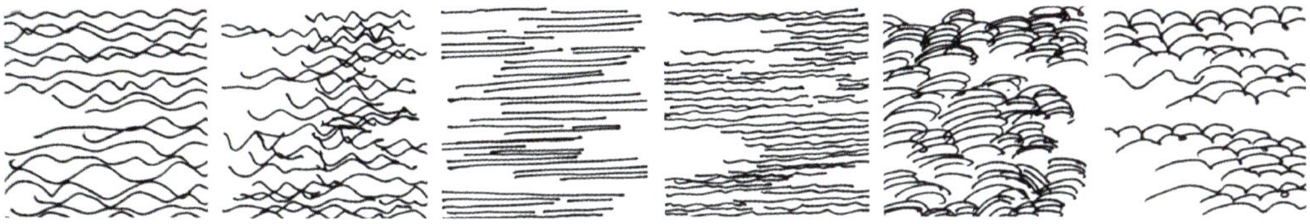

图 5-19　线条法水体的平面表现

图 5-20　水体的立面表现

4）园林建筑的认知与表现

（1）园林建筑的类型与特点

园林建筑包括以亭、台、楼、阁为主的中国传统园林建筑和形式丰富多样的现代园林建筑。

中国古典园林中的建筑可分为宫、殿、厅、堂、轩、馆、楼、阁、台、榭、舟、舫、亭、廊、桥、塔等。现代园林建筑形式各异，类型多样，功能也较传统园林建筑有了极大的拓展。传统园林建筑因其富有民族特色、建筑组合灵活自由而在现代景观中被广泛地运用。现代园林中不仅因为功能的多样化而衍生出更多新型的景观建筑类型，同时，大量新材料、新结构的出现也带来了许多新的建筑类型。因而现代园林中的建筑难以像传统园林建筑那样以单体建筑进行分类，而只能按照功能进行分类。

（2）园林建筑的表现方式

园林建筑的平面表现通常包括屋顶平面和建筑平面两种形式，即通常所说的屋顶投影和平面剖切投影。园林建筑立面表现是正立面投影图。因为园林建筑的样式各不

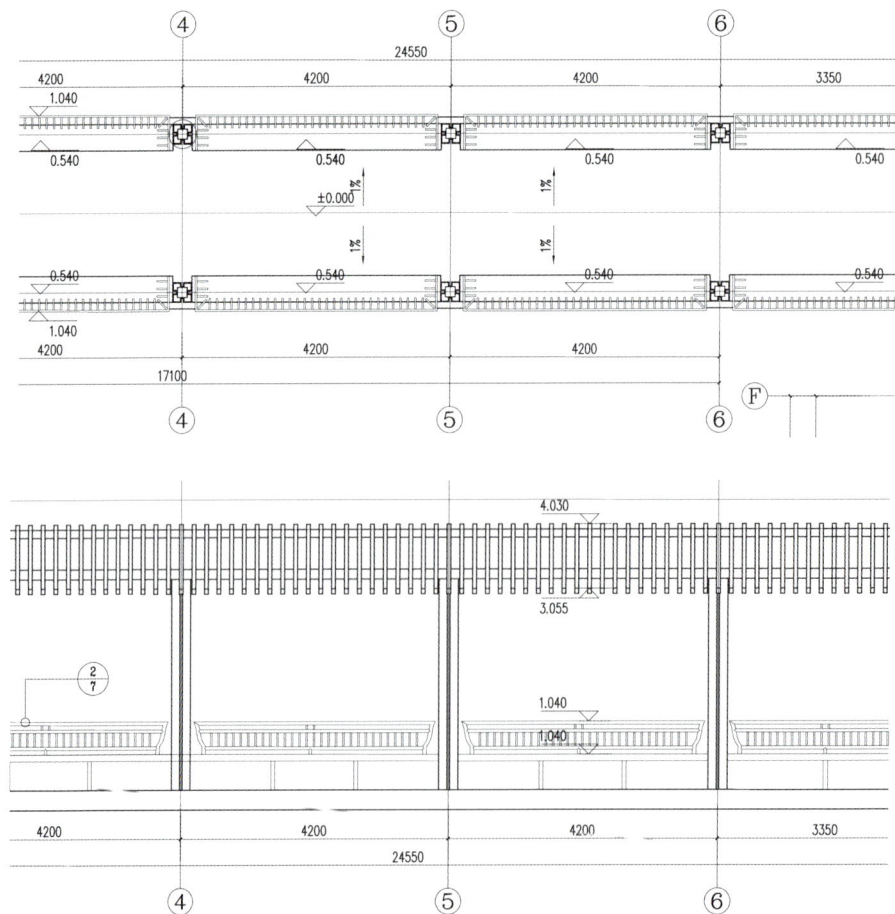

图 5-21　常见的园林建筑平面、立面表现方法

相同，没有固定的表现方法，所以园林建筑的平面、立面基本上就是建筑尺寸、样貌的直接描绘。园林建筑平面、立面表现可参见图5-21。

5）园路、铺装的认知与表现

（1）园路

道路是园林的骨架与网络。

①园路的分类　园路包括主要园路、次要园路、游憩小径。

主要园路：主要园路一般宽3~6m，联系主要出入口与各景区的中心、主要广场、主要建筑、主要景点。园路两侧种植高大乔木，形成浓郁的林荫，乔木的间隙可构成欣赏两侧风景的景窗。主要园路可供生产、救护、消防、游览车辆通行，同时可供自行车与游人通行。

次要园路：次要园路一般宽2~3m，分布于各景区内部，连接景区中的各个景点与建筑。两侧种植庭荫树、花境、灌丛等。可供小型服务车辆单向通过，也可供自行车与游人通行。

游憩小径：游憩小径是宽度小于2m的园路，供游人散步游憩之用，可单侧种植庭荫树。

②园路的表达及其要点　园路的平面表达要突出其交通、导游、组织空间、划分景区等功能，同时，要表现道路的色彩、铺装材质等内容。园路的设计表达应注意以下几点。

- 避免多路交叉、路况复杂、导向不明。
- 园路交接尽量正交。转角过小，车辆不易转弯，人行要穿过绿地。
- 做到主次分明，在宽度、铺装、走向上应有明显区别。
- 坡地设置园路时，若坡度≥6%，要顺着等高线做盘山路状；若自行车通行，坡度≤8%；若汽车通行，坡度≤15%；若人行通过，坡度<18%；当坡度超过18%时应设台阶，台阶级数不应少于2级；坡度>58%的梯道应做防滑处理，宜设置护栏等设施。
- 园路通往建筑时，可在建筑前设集散广场，或适当加宽路面形成分支，以利游人分流。园路一般不穿过建筑，而是从四周绕过。
- 为满足场地的排水需要，防止路面积水，园路必须保持一定的坡度，横坡为15%~20%，纵坡为10%左右。广场的地面排水坡度不宜小于0.2%。通常坡度表达方法同地形，以标注坡度的方式来表达。

（2）铺装

铺装是利用各种材料，按照一定的形式进行地面铺砌装饰，大致包括场地铺装、庭园铺装、园路铺装等。在设计图纸中，需要表达的铺装类型包括整体铺装、块状铺装、碎石铺装。三者的区别是整体浇筑、分块拼合和碎料散置。

图纸中，通常根据铺装的类型样式照实表现。例如，场地铺设芝麻灰花岗岩，规格为400mm×600mm×30mm，工字铺法，那么在设计图纸表现时，就需要按上述内容如实绘制。图5-22为常见铺装表现方法示例。

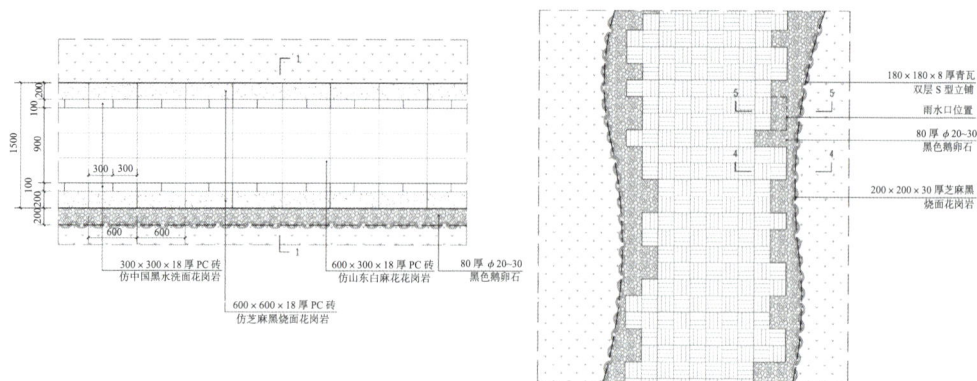

图 5-22　常见的铺装表现方法

6）园林小品的认知与表现

园林小品是绿地中专供休息、装饰、展示的构筑物，是构成景观不可缺少的组成部分，能使园林景观更富有表现力（图5-23）。园林小品在园林平面图中常以图例形式标注位置，有些小品如桌椅、座凳，很多时候因为比例小，在方案设计阶段的图纸上不体现。在空间上占有一定面积和高度的小品按投影原理绘制平立面。通常园林小品的图纸表现更多地出现在施工图设计阶段，标明小品的尺寸和设计形式（图5-24）。

图 5-23　观赏、休息、服务小品

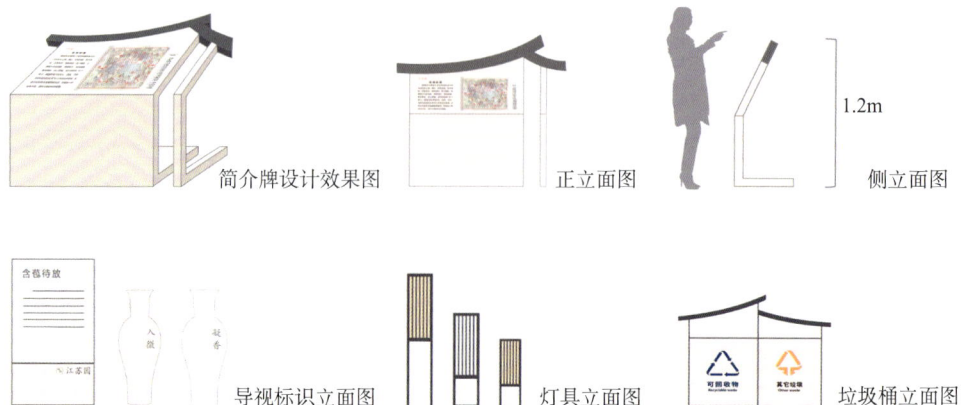

图 5-24　园林小品示意图

3. 园林平面图、立面图和剖面图认知与表现

1）园林平面图

园林平面图是表现规划范围内的各种造园要素（如地形、山石、水体、建筑及植物等）布局位置的水平投影图，它是反映园林工程总体设计意图的主要图纸，也是绘制其他图纸及造园施工的依据。平面图需准确表达场地设计的信息，如场地设计元素的明确位置、入口、交通脉络、功能分区、空间结构、植物景观、边界等。平面图要求信息完整、中心明确、反映设计意图。方案平面图一般满足比例、构图、色彩、对比、节奏等基本美学原则，从设计出发，从周边环境和设计场地的关系入手，深入到交通路网、功能区分、空间结构、植物景观（图5-25）。

在园林设计各阶段中，平面图的表现方式有所不同：方案设计阶段的平面图较粗犷，线条多用徒手线条，具有一定的图解作用；施工图设计阶段的平面图较准确，表现较细致，可以作为施工放线的主要参考。

图 5-25　园林平面图

2）园林立面图

在平面上，除了使用阴影和层次外，没有其他方法来显示垂直元素的细部及其与水平形状之间的关系。园林立面图通过线的等级以及物体造型、色彩、明暗来反映立面设计的形态和层次变化。园林方案中常采用立面与剖面结合的方式表达平面的设计内容，既可强调各要素间的空间关系，也可显示平面图中无法显示的元素。园林立面图的形式可参考图5-26，其与剖面图的区别在于剖面图上用粗实线表达剖切到的部分。

图 5-26　园林立面图

3）园林剖面图

剖面图表现场地垂直和水平空间的设计理念，是表达场地空间单元在竖向上的分布和组合情况，即竖向关系变化和空间疏密变化。

绘制剖面图时需要注意剖面图剖切的方向与位置、剖面图表达的内容和剖面图的绘制比例。剖面有正交剖切和正交转折剖切，要明确剖面索引、剖视方向、剖切位置。剖面图要想更好地展示平面设计内容，一般采用水平与竖向两组剖面图表达场地各单元的关系。剖面图通过场地标高、比例尺以及人物、天空、光影、周边环境、排水方向与结构等内容来表现场地空间单元在竖向上的分布、组合和功能情况。剖立面常用比例有1∶50、1∶100、1∶200等，非常用比例有1∶30、1∶60、1∶150、1∶300等，可根据图纸和内容需要进行选择（图5-27）。

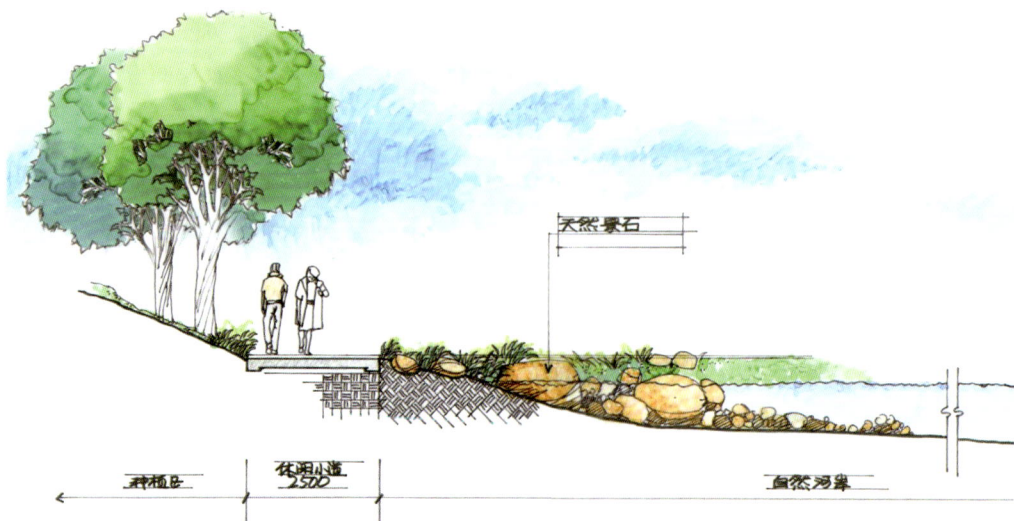

图 5-27　园林剖面图

4. 园林设计轴测图认知与表现

　　轴测图是由平行投影产生的具有立体感的视图。轴测图虽不符合人眼的视觉规律，缺乏视觉纵深感，但具有清楚反映群体关系的作用。轴测图作图简便，形成视觉形象快，反映景物实际比例关系准确，是一种有力的设计表现方法。轴测图因为是平行投影，所以其特点是空间中平行的直线仍相互平行，只要掌握修正系数，图纸绘制便捷（图5-28）。常用的轴测方式有正轴测和斜轴测两种。正轴测适用于全局景观，斜轴测适用于立面较复杂或局部景观，见表5-12所列。

　　绘制轴测图时，如果平面比较复杂，可采用网格法进行绘制，将平面内容布于网格内，参考其在网格中的位置进行绘制。

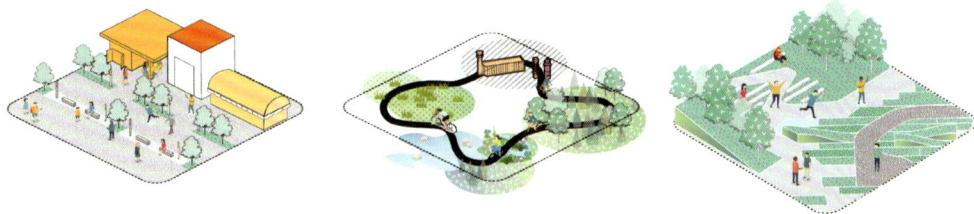

图 5-28　轴测图

表 5-12　常用轴测角度和修正系数

轴测方式	轴间角度	修正系数
斜轴测		$OX : OY : OZ = 1 : 0.5 : 1$
		$OX : OY : OZ = 1 : 0.5 : 1$
		$OX : OY : OZ = 1 : 0.6 : 1$
正轴测		$OX : OY : OZ = 1 : 1 : 1$

（续）

轴测方式	轴间角度	修正系数
正轴测		$OX:OY:OZ=1:1:1$
		$OX:OY:OZ=1:0.8:1$
		$OX:OY:OZ=1:0.8:1$
		$OX:OY:OZ=1:1:0.8$

5. 园林透视图认知与表现

1）一点透视

一点透视，也叫平行透视。放置在地面上的方形物体，有一个竖直面是平行于画面，观者眼中这个面不会发生透视变形，这种透视称为一点透视。在一点透视中，最少能看见一个面，即与画面平行的面，最多能看见3个面，主点与灭点重合，水平线和垂直线与画面平行，与画面垂直的线消失于灭点（图5-29）。

2）两点透视

两点透视，又称成角透视。假设一个正方体在60°视域之内，画面与基面垂直。两点透视是指该正方体的顶面和底面与基面平行，其余各面与画面形成不为90°的夹角，有两组变线消失于视平线的两个灭点上。

在设计作品中，两点透视是最为常见的。采用这种透视所形成的画面活泼，立体感、空间感强；画面生动，有较强的视觉冲击力（图5-30）。

图 5-29　一点透视效果图

图 5-30　两点透视效果图

6. 其他设计形式及其表现

1）计算机绘图

在设计行业中，计算机辅助设计已成为一种方便、快速的手段，它具有先进的三维模式，集绘图、计算、视觉模拟等多功能于一体，能将方案设计、施工图绘制、工程概预算等环节形成一个相互关联的有机整体，大大节省设计人员的制图时间。在校核方案时，具有可观性良好、修改方便快捷等优点。

在软件应用方面，常用AutoCAD、Photoshop、SketchUp、Lumion等作图软件，结合一些关于建筑、植物、小品等专业素材库，完成平面图、立面图、剖面图、效果图以及动画效果的制作。

（1）AutoCAD

AutoCAD是Autodesk公司推出的通用计算机辅助绘图和设计软件，目前已广泛应用于机械、建筑、结构、城乡规划等各个领域，园林设计中常用来绘制平面图、立面图。与传统的手工制图相比，使用AutoCAD绘制的园林图纸更加清晰、精确，因此，施工图设计阶段的图纸绘制主要应用该软件。AutoCAD的图纸也常作为其他软件绘图的基础，其文件可导入其他软件进行应用。

（2）Photoshop

Photoshop简称PS，是由Adobe Systems开发和发行的图像处理软件，也是最为优秀的图像处理软件之一，主要处理以像素构成的数字图像。使用其众多的编修与绘图工具，可以有效地进行图片编辑工作。Photoshop有很多功能，在图像、图形、文字、视频、出版等各方面都有使用，应用范围十分广泛。园林中主要用于图片的后期处理，如Photoshop可弥补AutoCAD图纸表现的不足，把AutoCAD文件导入Photoshop中，利用Photoshop强大的渲染功能来绘制平面效果图等。

（3）SketchUp

SketchUp简称SU，是一款直观、灵活、易于使用的三维设计软件。SketchUp是一种设计辅助软件，主要用于创建三维模型，将其定位于设计草图。它的工作界面非常简单，功能随着软件的开发也日益强大，现已成为园林设计中绘制效果图的重要方式。SketchUp可以非常快速和方便地将创意转换为三维模型，并对模型进行创建、观察和修改。在园林、城乡规划、建筑设计中应用非常广泛。与3ds Max相比，SketchUp更便于在设计初期进行反复推敲和修改。

（4）Lumion

Lumion是一个实时的3D建筑可视化软件，用来制作电影和静帧作品，涉及的领域包括建筑、城乡规划和设计。软件在图形渲染、景观环境、夜景灯光、材质表现和性能表现上都非常出色。通过Lumion 能够直接在自己的计算机上创建虚拟现实，渲染速度非常快，可以大幅减少制作时间。用该软件能非常方便地制作园林设计视频，其中天空、水面的表现非常出色。

由于各软件针对的设计阶段不同，特色不一，以上软件通常需要在图纸绘制中综合运用。在方案表现阶段，AutoCAD、SketchUp、Photoshop、Lumion经常结合运用，完成平面设计、建模渲染、动画、图片处理等工作；施工图设计阶段主要应用AutoCAD，现也经常结合SketchUp进行应用。

2）模型制作

园林模型以其独特的形式向人们展示了一个立体的视觉形象。在研讨和展示设计思想和整体效果方面，园林模型已成为目前园林设计中不可缺少的重要手段之一。

园林模型是将园林中的山石、水体、植物、道路等用各种材料，按一定比例和设计制作技法表现出来的三维园林空间实体。

（1）模型制作的特点与分类

模型制作是园林设计推敲和表现的一种重要手段和形式。它以实际的制作代替用笔描绘，以景观要素单体的增减、群体的组合以及拼接为手段探讨设计方案，相当于完成园林设计的立体图。模型的设计和制作是平面设计到三维立体转换的过程，包括园林形态、比例、色彩、材料、空间结构等要素的变换，设计构思在模型制作过程中不断完善。模型制作对景观设计能力、三维空间想象能力以及实际动手能力的形成和培养非常重要。

按园林模型的用途，可将其分为构思模型和展示模型，也分别称为草模型和正式模型。构思模型在基础训练阶段以线材、面材、块材塑造立体形象，组合空间关系，培养抽象思维的能力，建立形式美感。构思模型在方案构思阶段属于工作模型，其形象概括简洁，侧重于方案的分析、比较，是很好的构思过程。该模型只表现主要的局部关系，更多的细节雕琢被省略。

展示模型中，方案实况模型是设计图纸全部落实后的再现，造型准确、逼真。该模型刻画所有必要的细节，是设计平、立、剖面图，表现图，模型三位一体介绍方案的重要组成部分。展示模型中的展览、竞赛模型更侧重于艺术表现。有的极其精致，有的极其概括，有的色彩通体单色，有的以照明进行渲染，有的不拘泥于写实而是以象征、抽象、装饰的手法表现鲜明强烈的艺术风格。

（2）模型制作的工具与材料

①制作工具

测绘工具：比例尺、直尺、三角板、丁字尺、卷尺、蛇尺、圆规、圆模板、曲线板等。

剪裁、切割工具：刀片、手术刀、剪刀、手锯、钢锯、刻字机等。

磨修整工具：砂纸、锉刀、木工刨等。

辅助工具：扳钳等。

②制作材料

木质材料：目前已有各种形状、各种型号的线材、板材、块材的模型木制品，可以黏合、咬合、榫卯，加工方法多样且成型美观。

塑料材料：包括有机玻璃、苯板、泡沫塑料、吹塑制品、塑料薄膜、塑料胶带以及其他类别的复合制品。塑料材料色彩鲜艳且丰富。

纸质材料：有卡片纸、瓦楞纸、草板纸、玻璃纸、植绒纸、砂纸、电光纸、纸胶带、压缩纸板以及其他类别的复合纸。纸质材料加工最为便利，成型的手段也最多。

金属材料：常用铝材、马口铁、铜线、铅丝等。金属材料的加工略复杂，除一般工具外，部分需要使用机械加工设备。

上面所介绍的材质类别通常是以一种为主，以便达到整体的统一和谐，实际运用中有时会适当地与其他材料结合。

模型制作绝不是简单的仿型制作，它是材料、工艺、色彩、理念的组合。首先，它将设计人员图纸上的二维图像，通过创意、材料组合形成三维的立体形态。接着，通过对材料进行手工与机械加工，生成具有转折、凹凸变化的表面形态。通过对表层的物理与化学手段处理，产生惟妙惟肖的艺术效果。所以，人们把模型制作称为造型艺术。

🍃 任务实施

1. 校园测绘和尺规作图

1）实地测绘

选择校园面积为100~400m²的休闲绿地，利用皮尺等工具进行现场测绘。小组分工绘制平、立面草图，将测绘数据在草图上进行标注。测绘尺寸内容包括范围边界、园路铺装边界、建筑小品位置、主要乔木位置，目测并绘制灌木及组团和地被等的种植范围。合理选择剖切位置，并在平面草图上标注剖切位置，初步绘制剖面草图，更详细地表达绿地空间的竖向设计。

2）尺规作图

根据小组测绘整理的平、立、剖面图数据，学生个人利用尺规完成园林设计正图绘制。根据相关数据完成反映整体景观的效果图以及选择合适的视角绘制局部透视效果图。

（1）绘制内容

①总平面图　比例为1∶300，正确表现场地与外部环境、道路的交接关系，标注指北针。

②立面图　比例为1∶100，至少1幅，选择典型立面，表达方案的竖向空间设计。

③剖面图　比例为1∶100，至少1幅，应选具有代表性之处进行剖切，体现立面图中无法表达的竖向设计内容。

④效果图　至少2幅，一幅为整体效果图，另外一幅可以选择主要节点绘制局部效果图。效果图可以采用轴测或透视的方法进行绘制。

（2）绘制要求

在绘制中需要注意以下问题。

①对图纸版面进行设计，构图均衡、美观，图面完整。

②工具线条光滑流畅，线宽、线型符合制图规范，图纸内容表达清楚，有层次性。

③徒手线条技法熟练。

④植物、铺装、水体、山石等图例符合制图规范，并能结合图纸特点选择应用。

⑤图纸标题、图名、比例、指北针等标注完整。

2. 校园环境设计模型制作

小组根据前期获得的数据、图纸成果等，进行测绘区域的模型制作。主要的步骤如下。

1）确定模型的比例、准备材料

小组根据测绘的方案图纸绘制出模型的基本尺寸比例图，根据场地特点及小组想要表现的方案特点准备模型制作的相关材料及制作工具。注意，材料的用量要与模型大小相匹配。

2）模型制作

（1）模型底盘制作

底盘作为模型的一部分，其大小、材质、风格直接影响模型的最终效果。平面底盘的组成有结构底板（园路）、硬质铺地（广场铺装）和软质景观（绿地及水面等）三部分。

（2）园林要素模型制作

①地形制作 在基地的地板上标明各地形（如山体、水面、道路、广场等）的位置，然后分别用相关的材料制作。

②园林建筑与小品制作 如亭、廊、雕塑、种植池、景墙等，可根据比例直接购买成品材料或者小组自行制作。

③园林植物制作 如乔木、灌木、绿篱、色带、花卉、草地等，建议直接购买成品材料，灌球、草坪等也可用海绵、草粉等自行制作。

④水面制作 水面一般用蓝色卡纸或在其他材料上喷蓝漆，有时候可压一层透明有机玻璃。其他材料可选用轻型板、三合板等。

（3）文字与标识

完整的模型包括标题、指北针、比例尺等内容。可采用即时贴制法来制作：先将内容用刻字机加工出来，然后用转印纸将内容转贴到底盘上。

🌿 考核评价

姓名		任务内容		学习园林设计制图与表达						
序号	考核项目	考核内容	等级				分值			
			A	B	C	D	A	B	C	D
1	学习态度	态度认真，积极主动，绘图仔细	好	较好	一般	较差	10	8	6	4
2	内容过程	小组能完成现场平面、立面和剖面草图绘制，将现场测绘的数据进行标注和整理；个人能完成尺规制图并制作整体和局部效果图；小组能完成测绘场地模型制作	好	较好	一般	较差	30	25	15	10
3	综合能力	能收集并运用园林要素平面图、立面图和效果图等不同表达方式，对场地进行较好的图纸内容阐述，收集模型制作的方法，体现场地特征，完成模型制作	好	较好	一般	较差	30	25	15	10
4	学习成果	成果表达规范，内容完整、真实，表达准确	好	较好	一般	较差	30	25	15	10
合计得分										

小 结

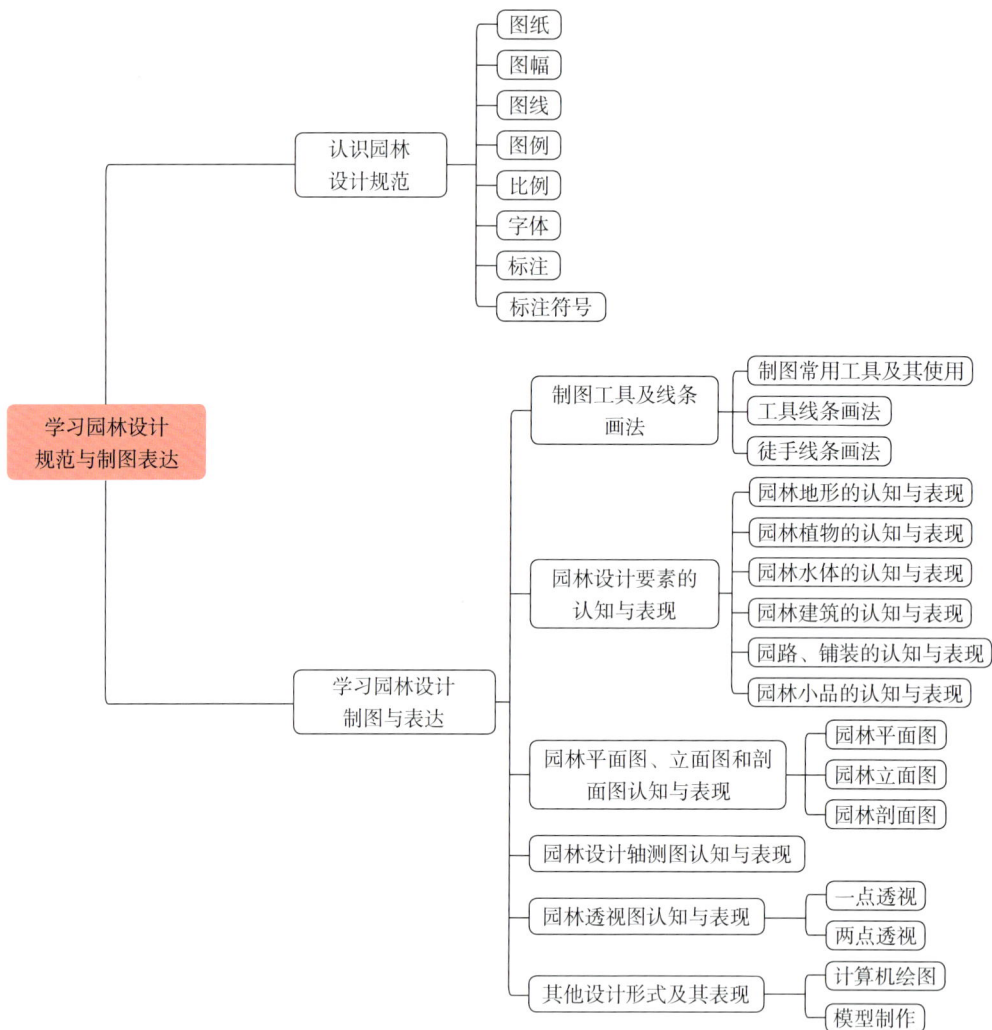

项目 6　园林设计实操

项目导入

　　园林设计实操是学习园林设计过程中必不可少的阶段。了解设计的全过程，对初学者而言可以更加系统地了解园林专业，有助于初学者更加清晰地明确自身的设计兴趣及发展方向，也是其成长为设计负责人、总体把控者的核心基础。在树立和践行"绿水青山就是金山银山"理念的过程中，园林设计应坚持山水林田湖草沙一体化保护和系统治理，应推动绿色发展，促进人与自然和谐共生。

　　本项目旨在培养学生的人文情怀和社会责任感，要求学生关注社会现实问题，并从设计角度审视这些问题。通过探讨设计师的伦理道德与社会义务，学会尊重人性、关爱社会，最终在设计中追求人类福祉与社会进步。

　　本项目将以真实案例为出发点，帮助学生深入了解园林设计的实际流程。在校企合作的背景下，学生将走进设计单位，学习企业的项目实施过程，体验真实的设计环境，并学习识读完整的设计图纸，最终完成一个小尺度的园林设计单元，为后续课程的深入学习奠定坚实的基础。

　　本项目包含3个任务：（1）了解园林设计过程；（2）识读园林设计图册；（3）园林方案设计。

任务 6-1　了解园林设计过程

任务目标

【知识目标】

1. 了解全阶段（方案设计、初步设计、施工图设计、施工等阶段）的设计过程。

2. 掌握各个阶段的思考方式及方法。

3. 了解设计单位在实际项目中的推进机制。

【能力目标】

1. 能够对不同阶段的特点进行深入的思考。

2. 能够与设计单位建立有效的交流机制与渠道。

【素质目标】

1. 具备较全面的设计认知与专业修养。

2. 培养创新思维、人际沟通等综合职业素养。

3. 激发对园林行业的热爱，将设计知识与实际项目有机融合。

任务描述

1. 参观当地一家较为知名的园林设计单位，了解其发展历程及办公环境，认识至少一位设计师前辈并保持沟通。

2. 与设计师就全阶段进行充分沟通交流，促进专业素质的快速提升。

3. 深刻思考不同阶段的差异性及注意事项。主动请教设计师关于已建成项目在不同设计阶段的经验要点，理论与实际项目结合，提高自身的知识储备和实践能力。

任务分析

针对本次任务，首先要系统地了解园林设计的全过程，并对设计各个阶段的特点和注意事项有一个初步的认知。之后结合企业参观，与设计师建立有效的交流渠道，通过实际项目的经验交流，对园林设计的全过程进行更深层次的理解和感悟，结合园林设计的专业特点，培养创新的思维方式，循序渐进地积累专业知识。

📖 知识准备

设计的全过程是指一个项目从设计到施工完成的全生命周期。一般来说，通常包括以下几个步骤（表6-1）。

表 6-1　设计步骤

设计阶段	主要内容	设计阶段	主要内容
1. 设计前期阶段	（1）商务洽谈 （2）承接设计任务	4. 施工图设计阶段	（1）总平面设计 （2）竖向设计 （3）水体设计 （4）种植设计 （5）园路铺装设计 （6）园林建筑及小品设计 （7）给水排水设计 （8）电气照明及弱电系统设计
2. 方案设计阶段	（1）相关资料收集与分析 （2）基地调查与现状分析 （3）设计风格定位 （4）总体构思和布局 （5）专项设计 （6）重点景区或景点设计		
3. 初步设计阶段	（1）总平面设计 （2）竖向设计 （3）水体设计 （4）种植设计 （5）园路铺装设计 （6）园林建筑及小品设计 （7）给水排水设计 （8）电气照明及弱电系统设计	5. 施工阶段	（1）技术交底 （2）现场服务 （3）竣工图绘制 （4）竣工验收 （5）工程评价 （6）资料归档

对于初学者而言，由于自身的专业认知尚未完全建立，严格按照系统性的设计步骤进行学习是非常必要的，并认真记录和思考每一个步骤。在学习初期可能要花费较多的精力与时间，但随着学习与训练增多，可熟能生巧、精准掌握。

本项目将通过一个案例对每个设计阶段进行仔细的讨论与解读。

1. 设计前期阶段

1）商务洽谈

商务洽谈是设计阶段的第一步，是进行设计工作的前置任务。一般是对设计要求、设计费用、双方责任等内容与甲方（发包方）进行约定与商谈，成果是签订与项目相对应的设计合同。

商务洽谈一般由市场部负责，但作为园林设计师，应大致熟悉与了解相关的合同内容或条款，并与市场部协同合作，顺利开展园林设计工作。

2）承接设计任务

商务洽谈完成以后，如果甲方与乙方（设计方）在商务条款上达成一致，设计方会启动相关设计工作。一般情况下，甲方会根据商务谈判形成的合同内容及条款提供设计任务书。

在第一次的碰头会上，应与建设单位充分沟通，准确把握甲方的设计需求、造价等信息，避免走弯路。同时应考虑形象营造，如身着职业装、保持自信与整洁等。与会应携带名片、公司宣传册、笔记本、笔、无人机、卷尺等设备，会后及时开展现场踏勘工作，体现专业性及重视度。

2. 方案设计阶段

1）相关资料收集与分析

在进行设计前，基本资料的准备至关重要，甲方应提供上位规划、设计红线图和场地现状图（图6-1）等资料。设计师应结合项目需求查阅并整理项目的区位条件、自然地理和人文背景条件、成功案例等内容。资料收集后，需对所收集的资料进行筛选与提炼分析。前期资料收集与分析得是否合理，将直接影响后期方案推演的合理性，与方案的逻辑成立与否也息息相关。

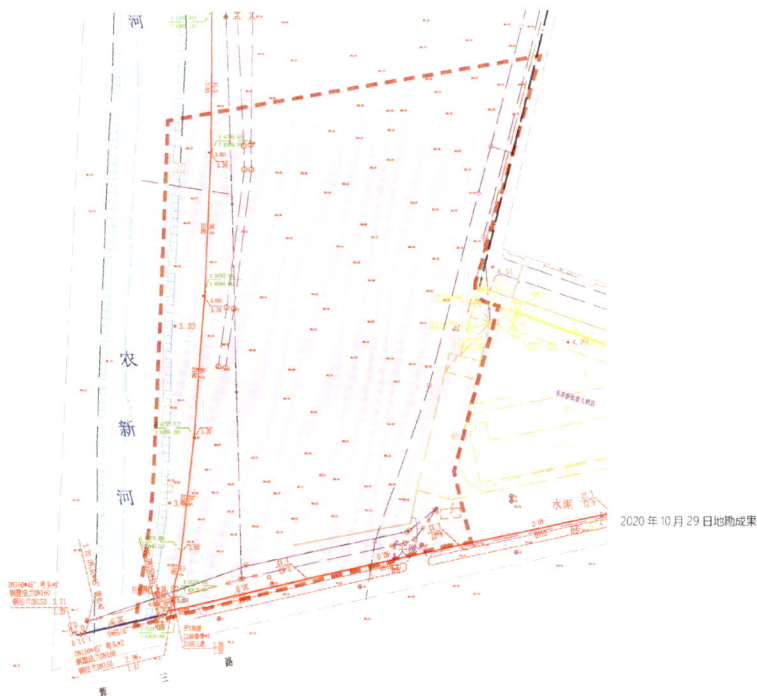

图 6-1 场地现状图（CAD 图纸）（无锡某项目）

2）基地调查与现状分析

基地调查和分析可以让设计师更多地了解场地的特点、识别场地的特性，充分发掘场地的设计潜力。比如，应该保留什么？应该改造什么？如何发挥场地的功能？SWOT分析是一个有效的工具，它可通过对优势、劣势、机会、挑战4个方面进行评估并做出判断。

在现场调查中，拍照是必要的，它可以帮助人们回忆场地的现状。在有条件的情况下，应采用无人机进行场地全景拍摄（图6-2），利用鸟瞰图、现场照片与场地切身感受相结合的方式，更加全面、直观地了解场地特性，分析不利因素及提出解决思路和办法。

内部环境：
· 燃气管线（南北向，地下）
· 电缆线（南北向，地下）
· 高压线（东西向）
· 内部弱电线（东西向）

注：燃气管线、电缆线位于地下，具体位置以地勘成果为准。

图 6-2　基地内环境现状及分析

此外，园林专业是一个综合性学科，一个项目的成功落地需要多个专业协同。因此，相关专业（城乡规划、建筑、水电、结构等）的分析与协作在前期阶段也需要引起足够的重视。

例如，城乡规划专业需注意的问题包括场地周边的用地性质、路网结构等对场地本身是否具有积极或消极影响，场地本身是否考虑相关举措；建筑专业需注意的问题包括消防道路、消防登高场地、消防回车场、建筑退界线等信息；水电、结构专业需注意的问题包括场地现场的市政水电与园林专业如何衔接、电箱等不利因素的景观化遮挡、屋顶花园的荷载需求等。

3）设计风格定位

完成相关资料收集与分析、基地调查与现状分析之后，需要对整个项目的设计风格定位进行研判（图6-3），这个风格会贯穿整个设计阶段，是设计阶段的中心原则，所有详细设计需在该原则的指引下完善与深化。

设计风格的确定一般有以下几种方式。

①甲方明确的某种风格。

图 6-3　设计风格定位

②与周边环境相融合的设计风格。

③体现主题内容或中心思想的设计风格。

不管是何种情况，一名合格的园林设计师应当有能力进行预判及风格推荐，这是园林专业的基本功之一。

4）总体构思和布局

设计风格确定之后，下一步就是设计方案构思阶段。在构思之前，设计师应再次认真阅读设计任务书，充分了解业主对项目的各方面需求，包括总体定位性质、内容、投资规模、经济技术指标、设计周期等。

构思的核心是立意。所谓立意就是设计者根据功能要求、艺术要求、文化要求等因素，综合考虑设计意图。设计立意一般发生在设计开始阶段，在设计师头脑中酝酿构思，对方案总的发展方向有一个较明确的意图，对总体布局归属哪一类进行确定，即所谓的"意在笔先"。明确立意之后，接下来的功能分区和造型设计均以立意为中心展开。

立意的可能性有很多种形式。

①中国古典园林常常以四季、天气、植物等自然景象进行立意。

②现代景观常以奋发图强的现代精神或生态为主题进行立意。

③更明显的立意形式出现在很多纪念园中，所需要纪念的人、物或者事件构成了立意的题材。

构思草图是实现总体布局合理的关键因素，可以通过泡泡图或者抽象的线条进行表达。很多细节如广场、铺装、绿化、小品等需要进一步落实及细化，力求做到功能合理、视觉美观、生态优良。一个好的设计一定不是节点的机械堆砌，而是如一首优美的散文诗一样，前后连贯、优美从容。

设计构思过程中，应结合前期收集的资料、文化背景、场地特性等内容，提出契合项目的设计理念，通过创新思维与抽象内涵相结合的方式，提取景观元素，并具象化到有形的规划构图中去（图6-4）。

5）专项设计

园林项目的专项设计主要指将专项设计素材，如竖向、水体、种植、园路铺装、园林建筑与小品、给水排水工程、电气照明及弱电系统等，以正式制图的方式反映在图纸上。全部的专项设计素材应作为项目的有机组成部分整体考虑。设计师应考虑以下问题。

a. 设计理念确定

b. 设计元素推导　　　c. 构思草图　　　　　　　　　d. 平面图生成

图 6-4　总体构思和布局

（1）竖向

尽量利用原有场地地形特点，做到土方平衡；方案设计阶段的竖向设计应确定好主要的视线高差关系，以效果表现为主。

（2）水体

水体设计应充分考虑水体的尺度与比例，大的水面浩瀚缥缈，适合大面积的自然风景区；小的水面尺度宜人，适合庭院、花园、城市小型公共空间等。此外，水体设计应考虑视觉上的连续性和通透性，尽量控制视距，分割空间的同时考虑岸畔或水中景物的倒影，扩大和丰富空间，使景物构图更完美。

（3）种植

种植设计的原则主要包括以下几个方面。

①适地适树　根据当地的气候条件、土壤情况选择适宜的树种，多选用乡土树种。

②生态群落布置　设计时宜采用拟自然的生态群落式配置，利用生态位进行组合，使乔木、灌木、草本植物共生，使喜光、耐阴、喜湿、耐旱的植物各得其所，构建一个稳定有序的植物群体，降低养护成本。

③疏密有度　园路两旁的植物宜舒朗、连贯，使远景、近景构成一幅连续的画卷；道路及转角位置的植物配置，常以常绿树做背景，前景配以浅色灌木或色叶树及地被等。

（4）园路铺装

园路的设计应与园林的总体风格保持一致和协调，主要体现在园路的线型设计和铺装设计中。例如，在规则式的园林中，园路主要以直线为主；在自然式园林中，园路则曲折多变。铺装选择方面，采用卵石、青石板等材料，适合古典园林，显示出自然亲切的氛围，而陶瓷透水混凝土、花岗岩等材料可与现代建筑环境协调统一。

（5）园林建筑与小品

园林建筑按照功能要求有以下几种。

①主要建筑　靠近主公园，并设计前广场。

②休息娱乐建筑　靠近主路，方便人群进出。

③陈列室、阅览室等文化建筑　设计在环境优美、安静的地方。

④点景游览建筑　设置在有景可观的地方。

⑤服务建筑　设置在可达性较好的地方。

此外，园林建筑要和周边地形、植物、小品、水体、场地相呼应、相协调，和周边的生态环境融为一体，建筑物在"构景"的同时还能帮助"观景"。

（6）给水排水工程

园林给水排水工程包括园林绿地的给水排水工程以及水景给水排水工程。园林绿地的给水排水工程是城市给水排水工程的一个重要组成部分。

（7）电气照明及弱电系统

该照明系统一般分为功能性照明和景观照明两种，前者一般指负责道路照明的庭院灯、草坪灯；后者指根据园林要求，对指定的建筑、小品、树木的照明。

6）重点景区或景点设计

重点景区或景点设计也称为详细设计，是园林设计中表达具体设计或细节的部分，一般以放大平面图、效果图的方式为主，并占用设计方案中的大量篇幅。由于其表现直观，也是甲方的重点关注点。

重点景区或景点一般包括入口广场区、中心景观区、关键节点区。

（1）入口广场区

入口广场区是园区给游客的第一印象，需考虑人流集散问题，在设计上宜体现主题性、昭示性与层次感，宜有较高的可达性。一般来说，前广场会放置互动性设施或雕塑；整体的纵深感与引导性同样重要，目的是将游客吸引到园区中来；一些景墙、台阶的设置也是必要的，可以在立面上划分层次，给游客带来丰富的游览体验（图6-5a）。

（2）中心景观区

中心景观区是游线最终交织的区域，是全园的重心所在，对其他各区起到支配性作用。无论是在构图比例还是在造价分配上，都占据绝对主导地位。例如，为了更好地突出中心景观区，整体的景观节奏可以采用欲扬先抑的手法，先在入口处将视线压缩，拉长空间进深感，之后在中心景观区将视线打开，给人豁然开朗的体验（图6-5b）。

（3）关键节点区

关键节点区一般指项目的各个功能节点。例如滨水生态区，亲水是人类的天性，是人们放松、缓解压力的有效途径。滨水生态区一般布置在水系周边，如湖泊、河流等。通过亲水眺望平台、岸线整治、水生植物搭配等多个方面的景观配置强化亲水感受（图6-5c）。再如儿童活动区，其设计需考虑全龄化的活动使用需求，设计沙坑、滑梯、造型小品、活动器械等适合不同年龄段儿童使用的空间场所。此外，需要在设计过程中考虑家长休息等候区，方便家长进行看护；林荫功能也很重要，采用落叶的

a. 入口广场区

b. 中心景观区

c. 滨水生态区

d. 儿童活动区

图 6-5　重点景区或景点设计

骨架树种，冬季透光、夏季遮阳，可以有效提高儿童活动区的使用率（图6-5d）。

3. 初步设计阶段

　　完成方案设计后，设计者应进行初步设计工作。方案设计阶段的重点是从视觉角度展示方案，表达设计概念；而初步设计阶段则通常对总体平面布局、高程、铺装等细节方面进行深化设计，为施工图的绘制做好准备。同时，初步设计阶段的图纸由于较为详尽，可同步进行成本预算工作，佐证方案的可行性。

1）总平面设计

　　总平面设计是扩初设计的核心，所有节点设计、专项设计工作都围绕总平面图展开。一般来说，初步设计阶段的总平面设计应该注意以下问题。
　　①平面具体尺寸尽量调为整数。
　　②平面图上标明地形线和大致排水坡度。
　　③小品、景石等应在平面图中体现。
　　④乔木应在平面图中体现。
　　除了总平面图，平面图还应包括索引平面图、尺寸平面图等。

2）竖向设计

　　竖向设计是在原有踏勘地形资料基础上，结合设计意图和游览动线，因地制宜地进行竖向标高的排布，尽量做到现场的土方平衡以节省造价。此外，竖向设计应考虑道路的横坡与纵坡，减少积水情况的发生。

设计应尊重场地现有标高，合理规划基地内部标高，同时平衡场地土方，堆叠地形，局部适当抬高以利于场地排水，园路跟随地形起伏变化，给游人提供富有意趣的景观感受。

需要注意的是，初步设计阶段的竖向设计仅需表达出场地视线高差关系，无须过于细化，重点表现等高线初步落位、竖向走向及坡度、排水雨水口落位。

3）水体设计

河道水体由于其防洪排涝特性，一般不做颠覆性改造，尤其是不能改变其驳岸样式及高程。一般情况下，仅增设观景平台，并对驳岸绿化进行梳理与打造，在满足人们亲水要求的同时，兼顾安全性、生态性及功能性（图6-6）。

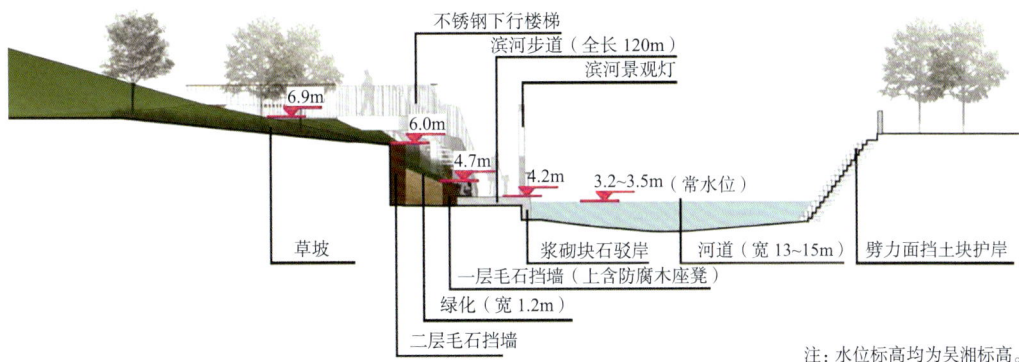

图6-6　驳岸扩初设计图

人造水景的设计也是丰富多彩，有的将水景作为一种关联因素，将散落的景致连接起来，彼此呼应，共同成景，最终形成一个线状分布的风景带；有的是将许多零散的景点以水面作为联系纽带，水景起到统一的作用；有的则利用飞涌的喷泉、狂跌的瀑布等动态水景，聚焦人们的视线。

方案设计阶段的水景设计专项重点表达水景形式、材质、与周边水体的衔接，以效果表现为主；初步设计阶段则更多关注水景尺寸、材料、样式深化等细节，更加注重落地性的表达。

4）种植设计

种植设计专项中，应该对整个设计地块进行植物主题的划分，每个植物主题的分区以具体某种植物为基调。例如，某设计入口的营造依靠精细化植物组团搭配：骨干树种以丛生香樟为主，冠大荫浓、树形优美；中层以花灌木和小乔木为主，突出季相变化；重点区位点缀彩叶球类，如'金冠'冬青、毛鹃等。各级植物应辅以选型照片，为项目落地提供有力的设计支撑。

5）园路铺装设计

园路铺装设计是指对整个公园的铺装材料进行定量的分析与落位。一般包括铺装材质（花岗岩、PC砖、木平台、塑胶等）及其具体面积和范围，方便后期造价测算。

灰麻石　＋　黑麻石　＋　珍珠白麻石

图6-7　铺装材质

园路铺装设计在方案设计阶段侧重于表达园路线性走向、园路宽度、大致颜色色调、纹样；而在初步设计阶段则强调园路铺装样式、铺装材料。

园林铺装图案能够以其多种多样的纹样形式来衬托和美化环境，增加园林的景致。纹样起着装饰路面的作用，可因环境和场所的不同而具有多种变化。不同的纹样给人们的心理感受也是不一样的。一些采用砖铺设成为直线或者平行线的路面具有增强地面设计效果的作用。值得注意的是，与视线垂直的直线可以增强空间的方向感，在园林中可以起到组织路线、引导游人的作用。

在材料尺寸方面，尽量采用常规尺寸，如人行花岗岩采用300mm×600mm×30mm，简洁大气（图6-7）。尽量避免采用过多的异形材料，以免造成造价提升的同时施工品质下降。

6）园林建筑及小品设计

园林建筑及小品在方案设计阶段重点表达建筑品类、样式、体量、颜色色调；在初步设计阶段则重点强调建筑造型、材料、颜色深化。

在园林建筑及小品设计专项中，宜将垃圾桶、音响等设施的布置点位在总图上标明，以满足服务半径需求，提升卫生情况及游人的视听感受。此外，选型意向图同样必不可少，目的是使最终落地效果与设计方案不至于产生过大的偏差。小品尽量成品采购，如无相应采购项，应画出节点大样。

园林建筑涉及建筑、结构等学科的相关专业知识，在设计之初应充分听取相关专家的专业意见，切忌为了造型而忽略其安全性。景观构筑物与普通建筑的最大区别在于，景观构筑物服务于周边环境，宜与周边环境高度融合，切忌喧宾夺主。总之，子项设计的表达越清楚，落地效果的还原度就越高，造价的测算精度也就越高。

7）给水排水设计

给水主要是设置绿化喷淋取水点，方便植物浇灌取水；排水一般是通过排水设施，如排水口、排水沟、排水管道、盲管等，进行场地的排水。此外，排水坡度至关重要，需与场地竖向关系统筹考虑。

与方案设计阶段不同，初步设计阶段更强调给水排水的选型、管线连接，以便为造价测算提供更精准的图纸技术支持。

此外，采用雨水花园的方式代替常规排水设施，符合海绵城市理念，是设计的一大亮点（图6-8）。

图 6-8 雨水花园

8）电气照明及弱电系统设计

电气照明及弱电系统设计在方案设计阶段主要表达灯具种类、样式、大致布局；在初步设计阶段则深化了灯具具体选型、管线连接，更注重细节与落地性。

该专项中，宜将灯具点位在总图上标明，以满足照明与艺术需求，如庭院灯、草坪灯、射树灯、泛光灯、灯带、球场灯等。除了位置布点外，还应包括灯具的选型意向图。

4. 施工图设计阶段

施工图设计是初步设计的下一步，是对总平面、竖向、水体、种植、园路铺装、园林建筑及小品、给水排水、电气照明及弱电系统等图纸的再深化，是工程招标及施工的依据性图纸。

1）总平面设计

施工图是对初步设计的进一步深化诠释，是项目能否顺利落地的实施性图纸。因此，施工图更多强调的是细节处理，一套好的施工图可以让项目完美落地。

总图设计是施工图设计的重中之重，是整个景观施工图的骨架图纸，一般包括总平面图、尺寸定位平面图、坐标定位平面图、分区做法索引平面图、网格定位平面图等。

2）竖向设计

竖向设计是根据设计阶段的地形踏勘资料，对设计方案进行的竖向标高解读及排布。初步设计阶段的竖向设计仅表达主要高程及排水方向，施工图设计阶段则需要全面细化，所有高程点、排水方向、排水坡度、排水口、地形高度及范围等都要统筹考虑（图6-9）。

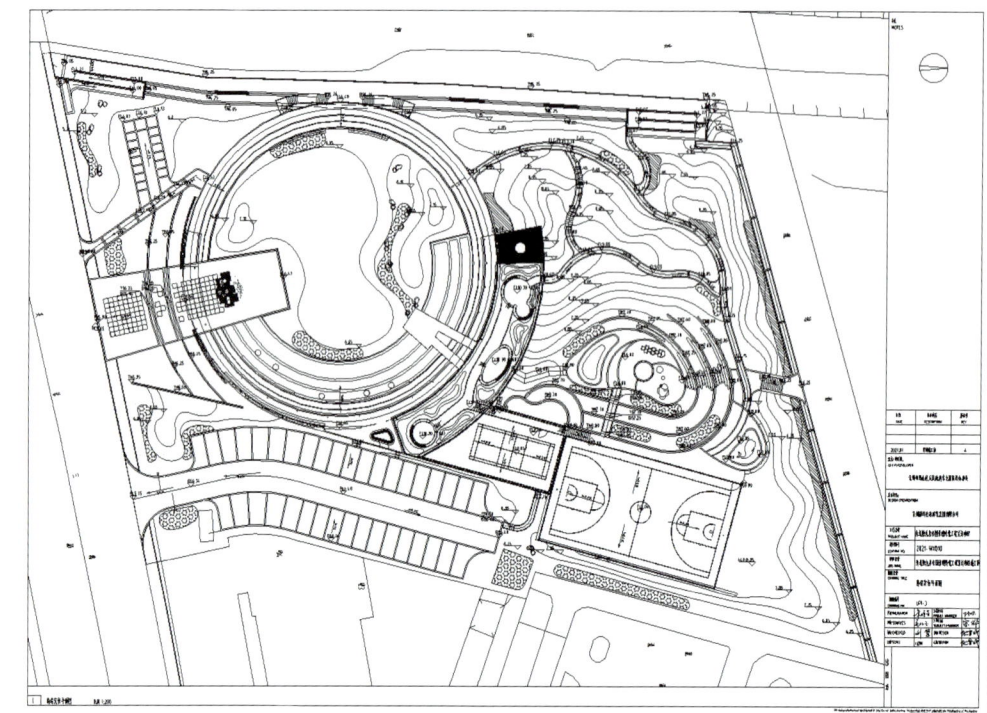

图 6-9　竖向设计施工图

进行竖向设计时应遵循以下原则。

①还原设计原则　施工图的竖向设计需以方案设计为基准，不能与方案产生过大的出入。

②因地制宜原则　竖向设计需考虑现场土方平衡，降低造价。

③排水功能原则　竖向设计除了可以丰富景观层次，另一个重要的作用是进行场地排水，通过合理的竖向标高排布，做到场地不积不涝。

施工图设计阶段的竖向设计，是在初步设计阶段的基础上，根据植物进一步优化排水口样式确定、排水口管线接驳等具体做法，是可以完全指导施工的技术性图纸。

3）水体设计

同方案设计与初步设计阶段相同，施工图设计阶段的水体设计不能破坏河道原有的驳岸结构，是在方案水体策略的基础上对河道周边高差关系及设计内容进行更为翔实的阐述。除了代建市政驳岸以外，一般只设计市政驳岸以内的区域。

除了高程关系，施工图更应关注驳岸断面及做法。结构配置应通过地勘资料，由专门结构工程师核实计算后确定，切忌凭借主观经验进行设计。部分项目可能存在水体净化要求，需要寻求专业水体净化公司的支持，由水体净化公司进行二次深化设计。

人工水景在施工图设计阶段更强调水景基础、防水做法等方面，是对方案设计阶段、初步设计阶段的深化补充。

4）种植设计

种植设计是景观施工图设计中的一个大类分项，是独立于园建施工图的存在体系。一般需要专门的植物设计师进行植物施工图的绘制及深化工作。

种植设计施工图一般包括绿化设计说明、植物苗木表、植物总平面图、上木布置图、下木布置图等图纸。植物选择应适地适树，不宜引进过多外来树种。此外，应合理搭配种植层次，体现节约型园林理念。

施工图设计的种植设计，除了方案设计和初步设计阶段应该注意的事项外，还应注意以下几点。

①明确乔木落位。

②明确小乔木及灌木球落位。

③明确地被轮廓线。

④明确苗木表。

⑤明确设计说明。

此外，设计师应关注乔木的绑扎（是否麻绳绑扎）、树圈（是否有装修物）、支撑（是否为去皮杉木桩）在设计说明中是否明确，同样需提供苗木选型表及照片，以指导苗圃选苗。

5）园路铺装设计

铺装设计是施工图设计阶段的主要组成部分，是成本造价占比较高的专项科目。一般来说，方案设计阶段和初步设计阶段的铺装设计只是在铺装材料、颜色等方面给出指导性建议，施工图设计阶段的铺装设计则重点关注模数关系及其落地性。

此外，在铺装施工图绘制的过程中，需要注意以下几点。

①考虑铺装的对缝关系。

②铺装板材尽量采用常规尺寸以方便加工及现场施工。

③弧形铺装宜做弧度定制板，以保障铺装施工的顺利与品质。

6）园林建筑及小品设计

园林建筑及小品在施工图设计阶段是一个深化的设计过程，会对建筑和小品的尺寸、材质、细节、结构、是否成品采购等信息进行详细约定。

例如，先对垃圾桶、成品标识牌、金属车挡等进行点位布置及尺寸、数量、材质标注，明确整体风格及工程量。之后在详图中，对部分非成品采购项进行详细图纸说明。

园林建筑图纸由于具有较强的专业性，在施工图设计阶段需建筑专业配合进行出图及核准，一般包括建筑设计说明、建筑装修做法表、首层平面图、屋顶平面图、立面图、剖面图等图纸。此外，建筑结构核算、二次深化图纸也需要在施工图设计阶段考虑到位。

7）给水排水设计

给水排水设计在初步设计阶段强调的是给水排水选型、管线连接，施工图设计阶段则更加强调具体基础做法及要求、与市政管线接驳做法。

给水排水施工图纸是保障功能性的图纸，一般包括给水排水设计与施工说明、室外雨水管网平面图、室外污水管网平面图、浇灌给水管网平面图、通用详图等。景观给水主要指绿化浇灌管网，景观排水则是雨水排涝系统，两套系统的主要目的是保障场地不涝不旱。

与初步设计一样，雨水花园充当排水设施是项目的一大特色，符合海绵城市理念。海绵城市图纸包括海绵城市设计说明、下垫面分析图、排水分析图、汇水分区图、海绵设施平面布置图、海绵设施定位图、海绵设施径流组织图、雨水管线平面图、海绵设施竖向图、海绵设施收集范围平面图、海绵设施大样图等。

海绵城市图纸由于具有极强的专业性，需要通过专业计算进行海绵设施的排布，因此，图纸一般由专门的设计单位对设计方案与施工图进行绘制，图纸需要上报相关主管部门进行审核并进行后期验收。

8）电气照明及弱电系统设计

电气照明及弱电系统设计同样是保障功能性的图纸。电气照明图纸包括电气设计与施工说明、配电系统图、景观照明定位平面图、景观照明电气平面图、景观灯具选型参考图、景观照明及电气安装详图等图纸。

电气照明在景观专业中一般是安全性照明与装饰性照明，如庭院灯、草坪灯、线性灯等。需要注意的是，所有的电气照明回路都通过景观配电箱进行配置，不同种类的照明灯具一般不在一个系统回路上。

弱电系统设计一般包括智能化设计与施工说明、视频安防监控系统图、室外监控电气平面图、室外音响电气平面图、智能化及电气安装详图，涉及灯箱、监控、门禁等多个子项。

与方案设计和初步设计阶段不同，施工图设计阶段的电气照明及弱电系统设计侧重于灯具参数、具体基础做法及要求、与市政管线接驳做法。

5. 施工阶段

1）技术交底

技术交底一般发生在施工进场前，由建设方组织，设计方、施工方参与。设计方会对整个项目的方案、施工图进行详尽的介绍，提问、答疑环节同样必不可少。技术交底后，三方会签会议纪要，形成会议记录并留档。

技术交底是设计阶段到施工阶段的重要过渡性会议，是项目可以顺利落地的前提和保障，是高效解决施工问题的沟通机制。因此，技术交底必须严格执行。

2）现场服务

技术交底可以解决施工前预判的各种施工问题，但很多现场问题是随着施工进展不断涌现出来的，因此，设计方的现场服务就变得尤为重要。现场服务一般解决的是技术性问题，如个别情况无法按图纸施工，则需在综合考量和征求甲方意见后考虑进行设计变更。

一般来说，现场服务的次数会在签订合同时做约定性阐述，会根据项目所在地的远近、项目的复杂程度等情况进行综合考虑，超过一定的服务次数后需甲方额外提供相应的费用支撑。对普通项目而言，保持一个月一次的现场服务频率并形成巡检报告，是积极而有效的。

3）竣工图绘制

竣工图是现场施工的执行图纸，理论上，最终完工的工程应与图纸内容保持一致。但是由于现场各种不可预知原因，如测绘图纸与现场有细微出入、局部由于特殊情况无法按图施工等情况，最终的落地效果与图纸或多或少都会存在局部出入。因此，在项目完工后，建设方为了竣工验收，施工方为了结算，施工方需根据现场施工的具体情况编制可以如实反映现场景观布置及工程量的竣工图纸，设计方进行核实及留档。

绘制竣工图的注意事项如下。

①竣工图的绘制应按照专业的不同，科学系统地进行分类和整理，如建筑、绿化、给水排水、电气、结构等。

②按照施工图进行施工的项目，由施工单位在施工图蓝图图签位置的空白处，加盖竣工图章，并由建设方组织相关人员进行会签。

③涉及施工图纸变更的内容，施工单位可根据设计单位出具的设计变更，重新改绘施工图，签署及加盖竣工图章。

④竣工图的绘制必须符合相关制图标准及要求，绘制的竣工图必须能够准确、清楚地反映工程实际情况。

4）竣工验收

竣工验收阶段是工程的收尾阶段，一般由建设方组织，政府相关部门进行评定，设计单位、施工单位进行陪同。竣工验收是对项目是否符合规划设计要求及施工质量是否合格进行全面检验后，取得相应竣工合格资料的过程。

竣工验收的意义重大，是全面考核项目建设工作，检查项目是否按照设计要求和工程质量进行落地的重要环节，对促进项目及时开放、发挥投资效果、总结建设经验有重要作用。

5）工程评价

工程评价是在充分调研项目基础资料及现场实施效果的基础上，对工程项目的质量、进度、项目还原度等多个维度进行全面分析，对其综合经济效益、社会效益给予定性定量的评价。

部分重点工程项目，建设方会委托第三方评估公司进行评价并出具评估整改报告。一般在工程评价后，会有局部提升整改，以保证项目向更高的质量水平迈进。

6）资料归档

资料归档阶段是工程项目的最后阶段，是在取得竣工验收报告及整改验收合格后进行的资料归集、存档工作。

资料归档分为建设方资料归档、设计方资料归档及施工方资料归档。就设计方资料归档而言，一般分为管理类资料（合同、会议纪要、节点确认函、项目联系单）、甲供类资料（甲方提供的基础文件）、方案类资料（参考与规范、设计原文件、模型原文件、表现类原文件、分析类原文件、文本排版原文件、造价指标原文件）、扩初类资料、施工图类资料、变更类资料、现场照片七大子模块。

规范的资料归档习惯，是职业素养的综合体现，也是项目顺利交接、沟通的有力保障。

🍃 任务实施

1. 企业参观

参观当地一家较为知名的园林设计单位，了解其发展历程及办公环境，至少认识一位设计师并保持沟通。同时，参观并解读已建成的优秀项目，加强对园林作品的认知与理解，并完成表6-2。

表 6-2   企业及设计师基本情况

公司名称		公司地址		参与人	
企业认知		设计院前辈	职务及方向	主要作品	主要特点

2. 解读园林设计流程

通过参观与学习，向设计师汇报、解读自身对园林设计流程的理解，并得到点拨，完成表6-3。

表 6-3   项目设计流程解读

理论项目	设计前期阶段	方案设计阶段	初步设计阶段	施工图设计阶段	施工阶段
项目1					
项目2					
项目3					
……					

3. 解析企业园林设计已建成项目

选取某已建成优秀作品，对各阶段要点进行详细的分析，对比理论与实际项目的差异，拓展自己的知识储备，开阔眼界，并完成表6-4。

表 6-4 设计各阶段理论与实际项目的差异

设计各阶段	理论	实际项目
设计前期阶段		
方案设计阶段		
初步设计阶段		
施工图设计阶段		
施工阶段		

🌿 考核评价

姓名		任务内容	了解园林设计过程							
序号	考核项目	考核内容	等级				分值			
			A	B	C	D	A	B	C	D
1	学习态度	交流认真，积极主动	好	较好	一般	较差	10	8	6	4
2	内容过程	对园林设计流程有较全面的理解，记录过程认真，可以对知识点进行科学的整理与分析	好	较好	一般	较差	20	16	12	8
3	综合能力	可以举一反三，将实际项目的经验反推到自己的学习上，并以书面形式总结思考	好	较好	一般	较差	30	25	15	10
4	学习成果	成果表达规范，内容完整、真实，具有很好的可行性	好	较好	一般	较差	25	20	15	8
5	能力创新	思考具有创新性，对设计流程有新的理解	好	较好	一般	较差	15	10	8	4
合计得分										

任务 6-2 识读园林设计图册

任务目标

【知识目标】

1. 掌握园林设计图册的构成。

2. 理解园林设计图册不同阶段、不同类型图纸之间的相互关系。

【能力目标】

1. 能够熟练应用识图技法识读园林设计图册。

2. 能够准确抄绘园林设计图纸。

3. 能够鉴赏园林设计图纸的优劣。

【素质目标】

1. 培养获取信息、分析及借鉴的基本能力。

2. 培养发现问题、解决问题和动手操作的基本能力。

3. 培养语言表达、团结协作、社会交往等综合职业素养。

4. 具备较高的园林设计鉴赏能力。

5. 培养工匠精神。

任务描述

1. 结合学习任务，运用识图技法，读懂园林设计图册，并准确描述每张图纸表达的重点。

2. 通过学习迁移，理解园林设计图册内容反映的设计逻辑。

任务分析

针对本次任务，首先要具有整体观，对园林设计不同类型图纸的相互关系以及具体表达的内容有清晰的认识与理解；然后要有正确的识读方法，面对不同设计阶段的图纸，准确识读其要表达的具体设计信息，并理解信息的主次与重点；接着合理运用园林设计制图技法，进行图纸抄绘训练，深入理解设计内容的具体表达形式和特点；最后通过模型制作，加深对于设计图纸的理解，为后续的园林设计学习奠定基础。

🍃 知识准备

"图"是工程师的语言，是设计师对项目的构想。园林设计项目，无论是哪种项目类型，无论规模大小，均会通过专业的图纸进行表达。这些图纸，无论内容简单或复杂，都包含了与设计相关的重要信息。这些信息都要符合国家的制图规范，这样才能让不同地区的甲方及施工人员读懂图纸，完成建设任务。因此，设计图是工程师进行沟通、交流的重要载体，而能够识图、读图也是每位园林从业者应该具备的基本技能。

按照设计的流程，园林设计主要有3个环节：方案设计、初步设计、施工图设计。方案设计是项目设计总体思路、整体想法形成的环节；初步设计则是介于方案设计和施工图设计之间，是方案设计的延伸，是探讨方案是否可以实施的过程，一般没有最终定稿之前的设计统称为初步设计；施工图设计是把设计意图更具体、更确切地表达出来，绘成能据此进行施工的蓝图，它是在初步设计的基础上，把许多比较粗略的尺寸进行调整和完善，把各部分构造做法进一步考虑并予以确定，解决各工种之间的矛盾，并编制出一套完整的、能据此施工的图纸和文件的环节。

1. 方案设计主要图纸

1）区位图

区位图是反映项目所在位置、周边用地性质和交通状况、与周边地区相互作用关系的分析图。一般使用较多的是利用卫星图或者其他带有地理信息的图纸作为底图，然后将场地与城市、区域及周边环境等的相互作用关系通过不同的分析符号清晰地表达出来。

2）用地范围图

用地范围图是对绿地范围的界定，本图也可与现状分析图合并。用地范围图可以表达用地的占地面积、不同方向边界的位置等。

3）现状分析图

现状分析是对园林绿地设计之前，场地所具备的设计条件的分析。现状分析图可以表达绿地范围内场地与周边用地的关系，场地内部的竖向、植被、建筑物及构筑物、水体及市政设施等情况。

4）使用人群分析图

分析场地未来使用人群的特点，考虑他们的使用需求，设计才能真正地为人们服务。

5）设计立意推演图

中国的传统设计讲究"意在笔先"，园林设计也是如此，一个优秀的园林设计作品不仅要具备良好的使用功能，也要有好的立意来打动人的内心，让使用者感受到设计的特色。

6）总平面图

总平面图是设计理念的具体表达，也是各种园林要素定位和相互关系表达、给水排水管线和电气管线平面布局的依据。面对任何一个园林设计项目，设计师都会在项目的用地范围内，根据项目要求和设计原理，对各种园林要素做出布置。它表现了绿地边界及与用地毗邻的道路、建筑、水体、绿地等的关系；表现了绿地出入口的位置，以及绿地中园路、广场、停车场、建筑、小品、植物、假山、水体的位置、轮廓或范围，还有建筑、景点或者景区的名称。同时，用地平衡表也会在总平面图中表示。

7）功能分区图

功能分区图是分析绿地各功能分区的位置、名称及范围的图纸。园林绿地的功能分区一般是在环境条件基础上，结合使用人群的基本需求，将园林区域或空间按不同功能要求进行分类，并根据它们之间联系的密切程度加以组合、划分。功能分区的原则是：分区明确、联系方便，并按主次、内外、闹静关系进行合理安排，使其各得其所；同时还要根据实际使用要求，按人流活动的顺序关系安排位置。空间组合、划分时要以主要空间为核心，次要空间的安排要有利于主要空间功能的发挥；对外联系的空间要靠近交通枢纽，内部使用的空间要相对隐蔽；空间的联系与隔离要在深入分析的基础上进行恰当处理。常见的功能分区根据动静可以分为静态观赏区和动态观赏区；根据使用人群可以分为儿童活动区、青年活动区、老年活动区、综合活动区等；根据活动内容可以分为体育健身区、文艺活动区、游乐区等；根据不同类别又可以有其他功能区，如居住区的车库区、公园的办公区等。

8）竖向设计图

竖向设计图是根据设计平面图及原始地形图绘制的地形详图，它以标注高程的方法表示地形在垂直方向上的变化情况及各造园要素之间位置高低的相互关系。它主要表现地形、地貌、建筑、植物和园林道路的高程等内容。在图纸中重点表达绿地及周边毗邻场地原地形等高线及设计等高线，以及绿地内主要控制高程点，用地内水体的最高水位、常水位、水底标高。竖向设计图是设计师从园林的使用功能出发，统筹安排园内各种景点、设施和地貌景观之间的关系，使地上设施和地下设施之间、山水之间、园内与园外在高程上有合理的关系所进行的综合竖向设计。

9）园路交通设计图

园路交通设计图是分析绿地各级道路分布的设计图纸。它主要表达了主路、支路、小路的路网分级布局、宽度及横断面，主要及次要出入口和停车场的位置，对外、对内交通服务设施的位置，游览自行车道、电瓶车道和游船的路线。

10）种植设计图

种植设计图是用相应的平面图例在图纸上表示植物的种类、数量、规格以及种植位置的图纸。它重点表达常绿植物、落叶植物、地被植物及草坪的布局，保留或利用现状植物的位置或范围。在方案设计阶段，主要以树种规划为主，图纸上常备注种植设计说明。

11）重点景区设计图

重点景区设计图主要是对项目重要节点位置的细化表达。它往往由节点放大平面图、场地剖立面图、效果图或意向图组成。从节点放大平面图中可以清晰地看到铺装场地、绿化、园林建筑及小品和其他景观设施的详细布局；从场地剖、立面图中可以看到场地的竖向关系及园林建筑小品等的立面形象；效果图或意向图则是通过计算机制作或者手绘来反映设计意图，选取的视角不一样，表达的范围也不一样。鸟瞰图是对整体效果的表达，透视图往往是对局部效果的重点表达，也可采用建成作品的照片作为意向图片。有些项目的效果图表达较为精细，可以省去场地剖、立面图，对于场地竖向关系等的推敲在初步设计和施工图设计阶段完成。

12）专项设计图

专项设计图是对方案设计中园林的某个要素进行的深化设计，如种植设计专项、水景设计专项、园路与铺装设计专项、照明设计专项等。其深度没有统一的标准，同时也并不是每个专项都涉及，需要根据实际项目方案设计阶段的情况而定。

2. 初步设计和施工图设计主要图纸

方案被确定以后，设计师下一步就是进行初步设计和施工图设计。方案设计是从视觉角度展示更多的细节以及对设计概念进行论证；而初步设计通常是从尺寸上细化方案，以便为施工图做好准备；施工图则是最终的设计图纸，主要指导施工人员进行施工。由于初步设计和施工图设计图纸种类是一样的，只是部分图纸在深度上不一致，所以将二者进行统一讲解。

1）总平面图

总平面图在初步设计和施工图设计中，应在设计阶段方案确认的基础上，表达用地的边界线及毗邻用地的名称、位置；用地内各组成要素的位置、名称、平面形态或范围，包括建筑、道路、铺装场地、绿地、园林小品、水体等，以及设计地形的等高线。初步设计深度和施工图设计深度一致。

2）定位图、放线图

定位图、放线图的主要作用是帮助实际施工时把现场与图纸对应起来。一般采用平面网格定位或者平面坐标定位。

（1）平面网格定位

寻找明确的放线原点，如建筑角点、城市坐标桩点。再设定X轴Y轴方向以确定平面坐标系，网格密度视情况自定。

（2）平面坐标定位

标注图纸中关键点的城市坐标，如道路中线交叉点、拐点等。

在初步设计和施工图设计阶段，图纸的深度区别详见表6-5。

表 6-5　定位图、放线图在初步设计和施工图设计阶段的深度区别

初步设计阶段	施工图设计阶段
（1）标注用地边界坐标； （2）在总平面图上标注各工程关键点的定位坐标和控制尺寸； （3）在总平面图上无法表示清楚的定位应在详图中标注	除初步设计阶段所标注的内容外还应： （1）标注放线坐标网格； （2）标注各工程的所有定位坐标和详细尺寸； （3）在总平面图上无法表示清楚的定位，应绘制定位详图

3）竖向设计图

园林设计的方案初步确定后，在场地总体竖向布局的基础上，深入进行场地的竖向高程设计，明确表达设计地形，正确处理各高程控制点的关系。根据场地内排水组织的要求，设计地形坡向，确定分水岭（线）、排水区域、集水线和水流方向，制订地面排水的组织计划，要求能够迅速排除地面雨水。根据场地周边道路的纵、横断面设计所提供的工程技术资料及地形、排水和交通要求，合理确定场地内道路的纵坡度、坡长，定出主要控制点（交叉点、转折点、变坡点）的设计标高，应与周边道路高程合理衔接。拟定建筑室内外标高，合理安排建筑、道路和室外场地之间的高差关系，具体确定建筑物的室内地坪及四角标高。根据设计和功能要求，确定各活动场地的设计标高和场地间高程的衔接，确定景观各组成部分的竖向布置。在场地边界，尽可能保证场地内外地面高程的自然衔接，令设计等高线与用地边界的等高程点平滑连接；或利用边坡、挡土墙等设施加以处理，保证场地雨水不会无组织向周围场地排出。此外，还包括场地竖向的细部处理，如边坡、挡土墙、台阶、排水明沟等的设计；在地形复杂、高差大的地段，应设置排洪沟，并注明排洪沟的位置及排水方向；确定集水井位置、井底标高及与城市管道衔接处的标高等。设计地形的等高线和标高要尽可能地接近自然地面，以减少土方量。根据原始地形图和设计等高线计算土方量，若土方量过大，或填、挖方不平衡而土源或弃土困难，或超过经济技术指标要求，则应调整修改竖向设计，使土方量接近平衡。

在初步设计和施工图设计阶段，图纸的深度区别详见表6-6。

表6-6　竖向设计图在初步设计和施工图设计阶段的深度区别

初步设计阶段	施工图设计阶段
（1）标注用地毗邻场地的关键性标高点和等高线； （2）在总平面图上标注道路、铺装场地、绿地的设计地形等高线和主要控制点标高； （3）在总平面图上无法表示清楚的竖向应在详图中标注； （4）标注土方量	除初步设计阶段所标注的内容外还应： （1）在总平面图上标注所有工程控制点的标高，包括道路起点、变坡点、转折点和终点的设计标高、纵横坡度，广场、停车场、运动场地的控制点设计标高、坡度和排水方向，建筑、构筑物室内外地面控制点标高，工程坐标网格，土方平衡表； （2）屋顶绿化的土层处理，应做结构剖面

4）水体设计图

水体设计图是在方案确定后，对水体平面的准确定位，以及对于水位、驳岸及各种节点大样做法的进一步细化。

在初步设计和施工图设计阶段，图纸的深度区别详见表6-7。

表6-7　水体设计图在初步设计和施工图设计阶段的深度区别

初步设计阶段	施工图设计阶段
（1）标注水体平面； （2）标注水体的常水位、池底、驳岸标高； （3）标注驳岸形式，剖面做法节点； （4）标注各种水体形式的剖面	除初步设计阶段所标注的内容外还应： （1）标注平面放线； （2）标注驳岸不同做法及长度； （3）标注水体驳岸标高、等深线、最低点标高； （4）标注各种驳岸及流水形式的剖面及做法； （5）标注泵坑、上水、泄水、溢水变形缝的位置、索引及做法

5）种植设计图

方案设计阶段种植设计图主要是体现种植设计的思想、主要使用的树种及分布区域。初步设计和施工图设计阶段则是对场地中的每一棵树的树种、位置、规格等进行准确的定位。在进行深化设计的时候，应在因地制宜、适地适树的原则下，考虑两个方面问题：一方面是各种植物之间的搭配，考虑植物种类的选择与组合，包括林缘线、林冠线、色彩搭配、季相变化及空间意境；另一方面是植物与地形、水体、山石、建筑、园路等其他园林要素之间的搭配。

在初步设计和施工图设计阶段，图纸的深度区别详见表6-8。

表 6-8　种植设计图在初步设计和施工图设计阶段的深度区别

初步设计阶段	施工图设计阶段
（1）在总平面图上绘制设计地形等高线，现状保留植物名称、位置（尺寸按实际冠幅绘制），设计的主要植物种类、名称、位置、控制数量和株行距； （2）在总平面图上无法表示清楚的种植应绘制种植分区图或详图； （3）列出苗木表，标注种类、规格、数量	除初步设计阶段所标注的内容外应： （1）标注工程坐标网格或放线尺寸，设计的所有植物的种类、名称、种植点位或株行距、群植位置、范围、数量； （2）在总平面图上无法表示清楚的种植应绘制种植分区图或详图； （3）若种植比较复杂，可分别绘制乔木种植图和灌木种植图； （4）列出苗木表，包括序号、中文名称、学名、苗木详细规格、数量、特殊要求等

6）园路铺装设计图

园路铺装设计图是在确定园林中道路的功能、分级、位置之后，对园路线形、铺装边界的准确表达，同时对样式、高程、结构的细化。在设计深化中，园路铺装应结合场地功能及景观需求，选取恰当的材料和色彩，结合承载力合理设计地下结构层。

在初步设计和施工图设计阶段，图纸的深度区别详见表6-9。

表 6-9　园路铺装设计图在初步设计和施工图设计阶段的深度区别

初步设计阶段	施工图设计阶段
（1）在总平面图上绘制和标注园路和铺装场地的材料、颜色、规格、铺装纹样； （2）在总平面图上无法表示清楚的应绘制铺装详图表示； （3）标注园路铺装主要构造做法索引及构造详图	除初步设计阶段所标注的内容外还应： （1）标注缘石的材料、颜色、规格，说明伸缩缝做法及间距； （2）在总平面定位图中无法表述铺装纹样和铺装材料变化时，单独绘制铺装放线或定位图

7）园林小品设计图

方案设计阶段，园林小品设计图对园林小品的位置及形态有所表达。初步设计和施工图设计阶段，园林小品设计图则具体表达了小品的形态、尺度、材料和结构做法。

在初步设计和施工图设计阶段，图纸的深度区别详见表6-10。

表 6-10　园林小品设计图在初步设计和施工图设计阶段的深度区别

初步设计阶段	施工图设计阶段
（1）在总平面图上绘制园林小品详图索引图； （2）园林小品详图包括平、立、剖面图； （3）园林小品详图的平面图应标明承重结构的轴线、轴线编号、定位尺寸总尺寸，主要部件名称和材质，重点节点的剖切线位置和编号，图纸名称及比例； （4）园林小品详图的立面图应标明两端的轴、编号及尺寸，立面外轮廓及主要结构和构件的可见部分的名称及尺寸，可见主要部位的饰面材料，图纸名称及比例； （5）园林小品详图的剖面图应准确、清楚地标示出剖到或看到的地上部分的相关内容，并应标明承重结构的轴线、轴线编号和尺寸，主要结构和构造部件的名称、尺寸及工艺，小品的高尺寸及地面的绝对标高，图纸名称及比例	除初步设计阶段所标注的内容外还应： （1）平面图标明全部部件名称和材质，全部节点的剖切线位置和编号； （2）立面图标明立面外轮廓及所有结构和构件可见部分的名称及尺寸，小品的高度和关键控制点标高，平面图、剖面图未能表示出来的构件的标高或尺寸； （3）剖面图标明所有结构和构造部件的名称、尺寸及工艺做法，节点构造详图索引号

8）给水排水设计图

给水排水设计图是对方案设计阶段给水、排水、雨水等干线管网布局方案的深化设计图纸，由专门的给水排水设计师完成。具体内容及图纸深度详见表6-11。

表 6-11　给水排水设计图在初步设计和施工图设计阶段的深度区别

初步设计阶段	施工图设计阶段
（1）列出说明及主要设备列表； （2）给水、排水平面图标明给水排水管道的平面位置、主要给水排水构筑物位置、各种灌溉形式的分区范围，与城市管道系统连接点的位置以及管径； （3）标注水景的管道平面图、泵坑位置图	除初步设计阶段所标注的内容外还应： （1）给水平面图标明给水管道布置平面、管径标注及闸门井的位置（或坐标）编号、管段距离，水源接入点、水表井位置，详图索引号，本图中乔灌木的种植位置； （2）排水平面图标明排水管径、管段长度、管底标高及坡度，检查井位置、编号、设计地面及井底标高，与市政管网接口处的市政检查井的位置、标高、管径、水流方向，详图索引号，子项详图； （3）标注水景工程的给水排水平面布置图、管径、水泵型号、泵坑尺寸； （4）局部详图标明设备间平、剖面图，水池景观水循环过滤泵房，雨水收集利用设施等节点详图

9）电气照明及弱电系统设计图

电气照明及弱电系统设计图是对方案设计阶段电气干线管网的布局方案进行深化的设计图纸，由专门的电气设计师完成。具体内容及图纸深度详见表6-12。

表 6-12　电气照明及弱电系统设计图在初步设计和施工图设计阶段的深度区别

初步设计阶段	施工图设计阶段
（1）列出说明及主要电气设备表； （2）标准路灯、草坪灯、广播等供配电设施的平面位置	除初步设计阶段所标注的内容外还应： （1）电气平面图标明配电箱、用电点、线路等的平面位置，配电箱编号，以及干线和分支线回路的编号、型号、规格、敷设方式、控制形式； （2）系统图标明照明配电系统图、动力配电系统图、弱电系统图

🍃 任务实施

1. 识读园林设计套图

1）分组

以小组的形式完成，每3~4人为一组，完成表6-13。

表 6-13　任务分工

小组名称		园林设计图纸名称		负责人	
任务分工		成员		任务	

2）识读

①学习知识拓展案例"世博园中国园——竹园"的方案设计图纸。

②识读知识拓展案例"冬奥会公租房景观设计"的方案设计图及施工图，对不同类型的图纸进行解析。

3）成果展示

①请每个小组派代表讲解图册内容，并叙述每个阶段的识读重点。教师对讲解进行评价，并对产生的疑问进行解答，对出现的问题进行纠正。

②完成表6-14。

表6-14　园林设计图册识读总结

图册设计阶段	图纸名称	图纸内容	识读重点	易产生的问题	其他
方案设计阶段	区位图				
	现状分析图				
	……				
初步设计阶段	总平面图				
	竖向设计图				
	……				
施工图设计阶段	目录及总说明				
	总平面图				
	……				

2. 园林设计图抄绘

理解园林设计图的画法和各造园要素的相互关系，合理运用制图规范，运用正确的绘图方法绘制园林设计图。

1）抄绘的要求

选择一小庭园设计平面图、立面图和效果图作为临摹范本。选择要点：整体构图饱满，变化丰富，园林各要素齐全（如建筑与小品、水体、铺装、植物等），画法精致；有比例尺、指北针、标题栏、图框（自画）、图名以及线型变化；画面整洁，线条饱满。

2）绘制顺序

①根据图的范围和复杂程度确定图的比例尺，绘制出大致的范围和结构。

②绘制图形中建筑、道路、绿地及植物配置。

③进行标注，绘制比例尺、指北针、图例说明等，填写标题栏。

④进行图面检查，核对底图和抄绘的原图，检查图样是否正确，标注是否完整。注意原图的构图形式，原图各元素的表现形式，设计与构图的关系。

🌿 考核评价

姓名		任务内容		识读园林设计图册							
序号	考核项目	考核标准		等级				分值			
				A	B	C	D	A	B	C	D
1	内容过程	态度认真，积极主动，能正确识读图纸，准确抄绘图纸		好	较好	一般	较差	30	24	18	15
2	学习成果	识读与抄绘符合规范，表达准确		好	较好	一般	较差	20	16	12	10
3	协作能力	分工明确，沟通协作能力强，具有良好的团队合作意识		好	较好	一般	较差	15	12	9	7
4	创新能力	思维与方式方法富有创造性，整体表现突出		好	较好	一般	较差	10	8	6	5
5	综合能力	秉承严谨求实的作风，采用科学的方法，发扬工匠精神		好	较好	一般	较差	25	20	15	13
合计得分											

任务 6-3   园林方案设计

任务目标

【知识目标】

1. 了解不同类型的园林方案设计方法。

2. 掌握中小型园林方案任务解读、场地分析、立意与构思的方法。

【能力目标】

1. 能够在深入理解私家庭院、口袋公园设计方案推演过程的基础上，结合实地案例对方案设计进行解析。

2. 能够根据中小型绿地的方案设计方法，通过知识迁移，运用创造性思维，完成 10m×10m 园林绿地的设计。

3. 能够运用园林设计制图方法对方案进行设计表达。

【素质目标】

1. 培养获取信息、分析及借鉴的基本能力。

2. 培养解决问题和动手操作的基本能力。

3. 具备较高的园林艺术修养。

4. 培养语言表达、团结协作、社会交往等综合职业素养。

5. 提高对园林设计的兴趣，并将生活感悟融入园林设计的学习实践之中。

任务描述

1. 在实景中认识园林的设计要素以及设计要素之间的相互关系，并结合不同类型园林绿地的特点，分析所调研案例的设计思想，对实景效果和使用情况进行评价，完成调查问卷及访谈，同时通过实测，对园林设计中的尺度有清晰的概念。

2. 通过学习迁移，拟定10m×10m的场地环境，结合园林设计认知，进行方案设计，并按照园林制图标准对平面图、剖面图、立面图以及效果图进行准确的绘制与表达。

任务分析

针对本次任务，首先需要建立正确的调查与分析方法。调查采用分组协作的方式，通过实地景观感知与体验、测量场地尺度及人体尺度、访谈使用人群等形式，在具有一定中小型园林绿地设计知识的基础上，深入分析和研究调研案例所代表的园林绿地类型的设计特点，并采用思辨的方法进行设计评价。这个过程是探究式学习方法的应用，让学生具备发现问题、提出问题、分析问题、解决问题的能力。之后结合拟定的10m×10m的场地环境，运用科学的方法进行园林方案设计。这个过程能够锻炼学生的知识迁移能力，培养学生的创新性设计思维。同时，通过图纸的精准绘制与表达，培养学生的工匠精神。

🍃 知识准备

1. 私家庭院设计案例解析

私家庭园是家庭的主要户外生活场所，是非公众化的活动空间，具有一定的私密性，它充分体现了园主人的生活情趣和文化品位。

私家庭院是室内空间的拓展，它更强调与自然的对话。因此，在设计的时候要注重与室内功能空间的连接与互动，更要注重与外部自然环境的协调统一。设计师在设计前，一是要理解场地，尊重其肌理；二是要了解园主人文化背景，沟通并尊重其个人习惯；三是要了解住宅室内布置，对应室内的观赏视线和功能需要。设计时要始终贯穿经济、人文、环保、生态、创新的理念，灵活多变地运用造园手法，创造性地选用素材，让功能与景观有机结合。

私家庭园的设计在艺术布局上追求小、巧、精、细，体现小中见大的视觉效果。它的风格是多种多样的，按照地域文化划分，可以分为中式风格、日式风格、欧美风格等；按照时间进程划分，可以分为传统风格和现代风格等。在设计的时候，风格的选择主要源于园主人的喜好，以及住宅建筑的特点。

私家庭院在空间上，主要分为前花园、侧花园、后花园，有些庭院还有天井。前花园通常是入户花园，主要解决私家车的停放和人的入户需求。园林设计主要包括门、入户道路景观的设计，有些入户花园在空间比较大的情况下，还会考虑前花园的标识景观设计以及简单的活动空间设计。侧花园和后花园则根据场地的空间大小，与室内空间的视线关系，以及外部日照等自然条件，结合园主人的需求进行活动场地和景观设计。

某私家庭院设计案例解析如下。

1）设计任务解读

该项目位于江苏省某城市，场地及建筑具体情况如图6-10所示。

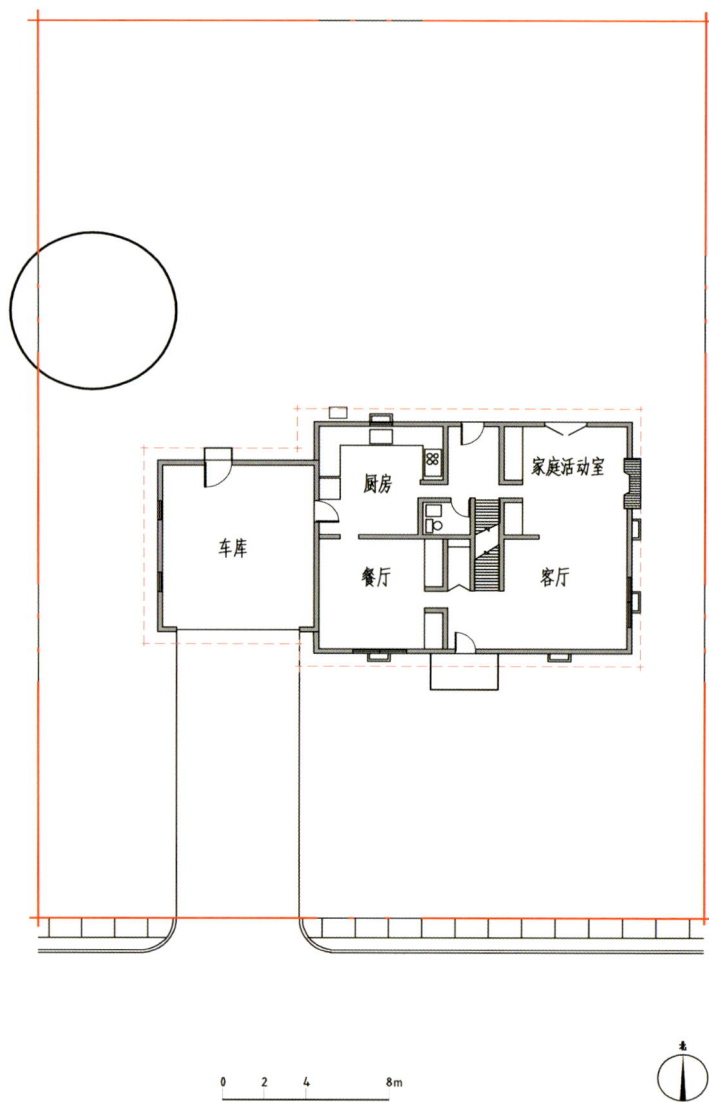

图 6-10　现状图

　　通过对园址进行调查与分析，发现庭院南侧和东侧紧邻社区次要道路，西侧为另一户别墅庭院，北侧为城市公园；围墙南侧外部有1m宽的人行道，道牙高15cm；从入口进入车库的车道宽4.5m，从车道进入别墅建筑有1m宽的水泥道路和15cm高的水泥台阶；前庭院夏季有西南风吹入，有1.8m高的灯柱一个，同时东南侧绿地下面在1m左右有上水管和下水管；西北侧绿地靠近别墅建筑有槭树一棵，干径25cm，树高10m，树冠2.5m；冬季有西北风；家庭活动室出来有一处2.5m×4m的水泥平台，高10cm；东北侧为草地，土壤类型为黏土，pH不低于5.9，暴雨时为积水区；北侧庭院中部有地下电缆，距离地面5m，北侧围墙外部有7.5m高的电线杆；从别墅建筑内部的不同功能区，均可以透过窗外与外界环境建立联系。具体园址分类和分析如图6-11、图6-12所示。

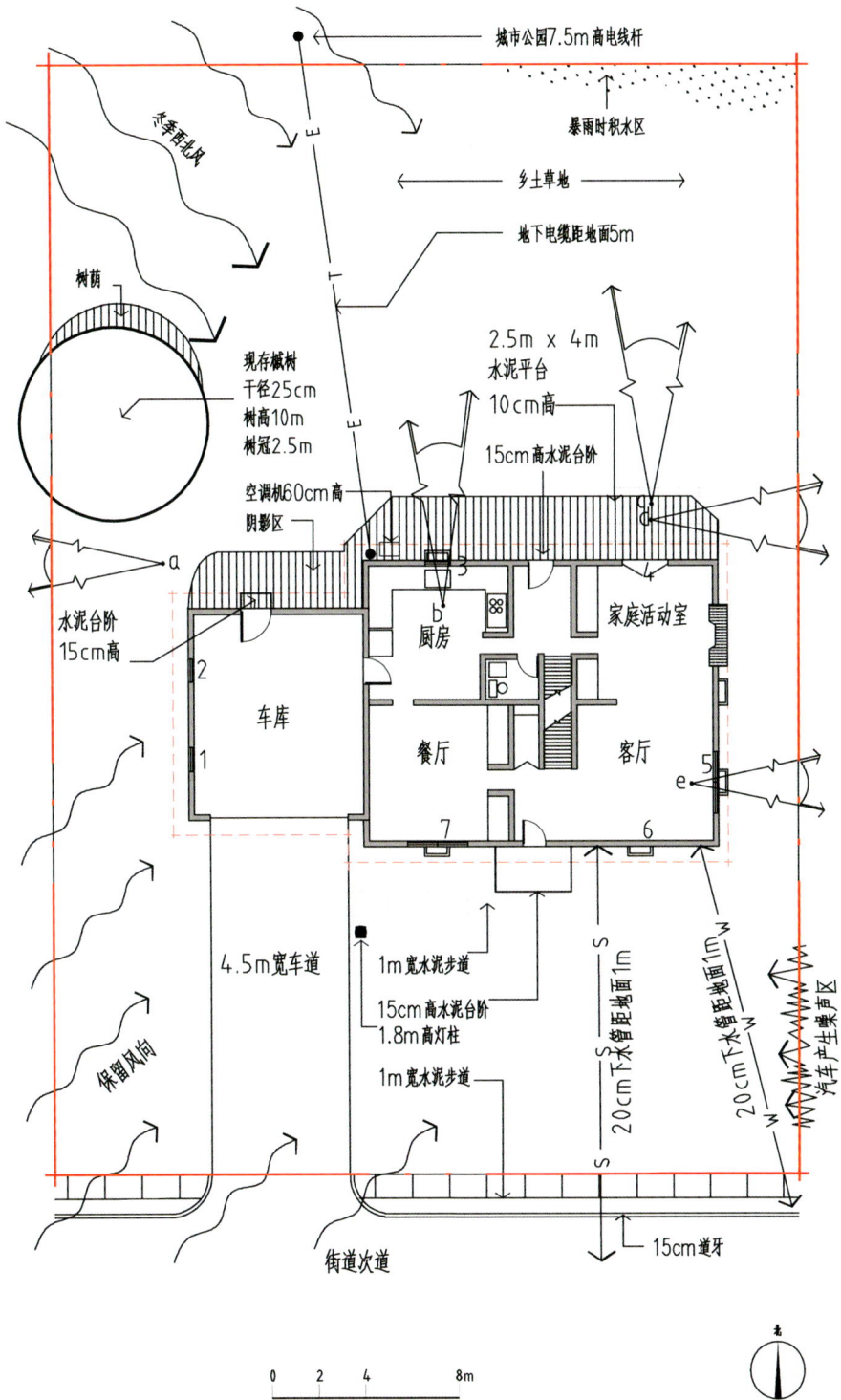

图6-11 园址分类图

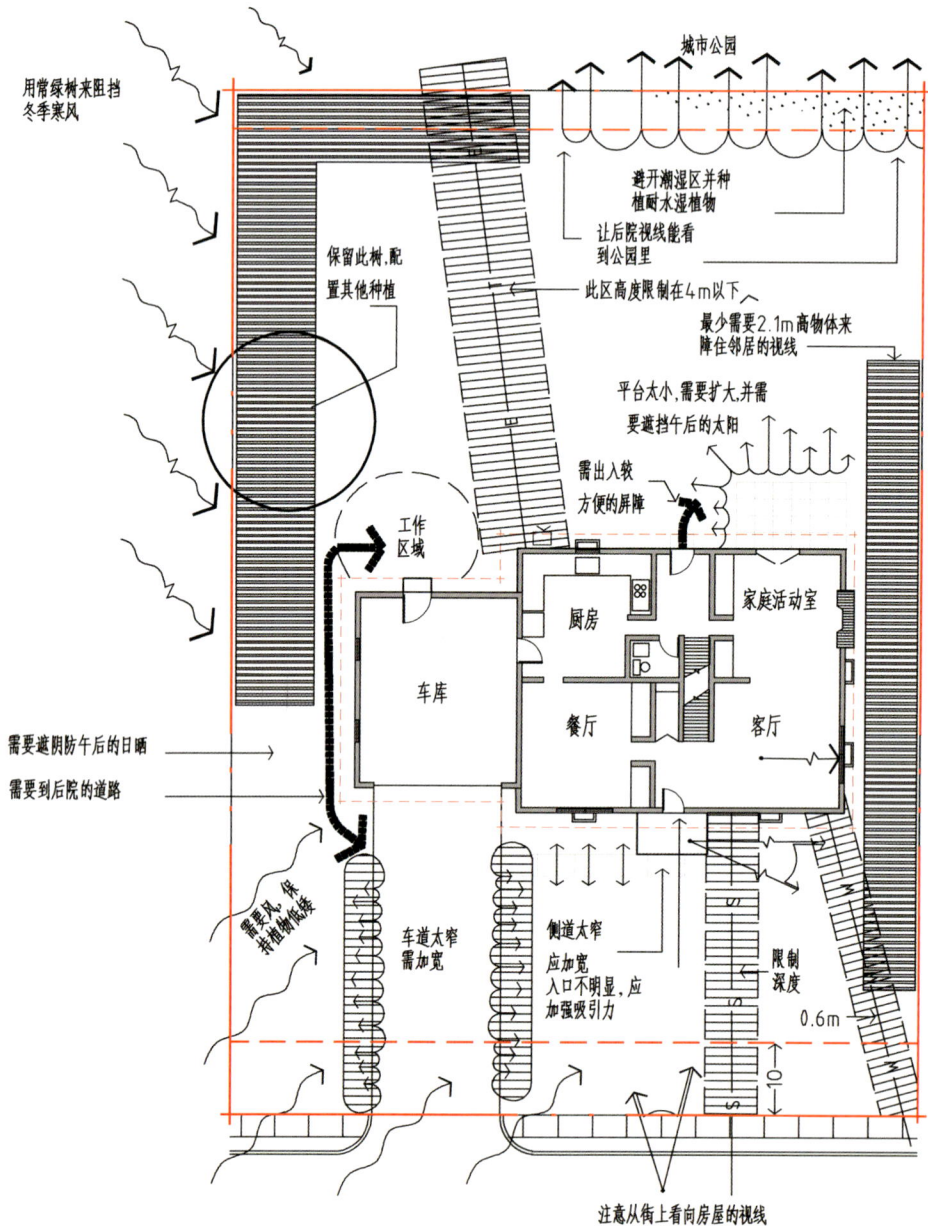

用常绿树来阻挡
冬季寒风

城市公园

保留此树,配
置其他种植

避开潮湿区并种
植耐水湿植物

让后院视线能看
到公园里

此区高度限制在4m以下

最少需要2.1m高物体来
挡住邻居的视线

平台太小,需要扩大,并需
要遮挡午后的太阳

需出入较
方便的屏障

工作
区域

需要遮阴防午后的日晒

需要到后院的道路

需要风、保
并植物绿缘

厨房

家庭活动室

车库

餐厅

客厅

车道太窄
需加宽

侧道太窄
应加宽
入口不明显,应
加强吸引力

限制
深度

0.6m

1.0m

注意从街上看向房屋的视线

注:
1.建筑北面种植耐阴植物;
2.建筑前基础种植植物不超过1m;
3.不能选择喜酸性土壤植物。

0 2 4   8m

图 6-12 园址分析图

在对园址进行调查分类和分析之后,设计师通过与园主人进行交谈,征求意见,得知园主家庭共有5位成员。

爸爸:喜欢足球、读书,喜欢庭荫树,喜欢蓝色、绿色。

妈妈:喜欢烹饪、瑜伽、听音乐,喜欢色叶树,喜欢粉红色。

儿子：就读于幼儿园，喜欢球类活动，喜欢橙色。

两位老人：都在50岁以上，会在家里暂住，喜欢园艺、聊天、棋牌类活动。

整个家庭对庭院空间的期望是：可以经常在庭院中休息、交谈，开展一些小型的休闲活动，能够种点花或者菜，能够举行家庭聚会（烧烤等，通常3个月一次，6人左右），能够看到很多绿色，感受到鸟语花香，一年四季都能够享受到充足的阳光。

2）设计立意与构思

针对现状条件与特点，设计主要围绕园主人的期望及功能需求展开，同时强调园林绿地的观赏性。

功能分区确定了设计的主要功能，考虑使用空间是否有最佳的利用率和最理想的联系，并推敲了在各种不同功能的空间中可能遇到的困难及其与各设计因素间的关系，力求将不同的功能安排到恰当的区域中去，使得功能与形式融为一体。具体功能分区如图6-13所示。

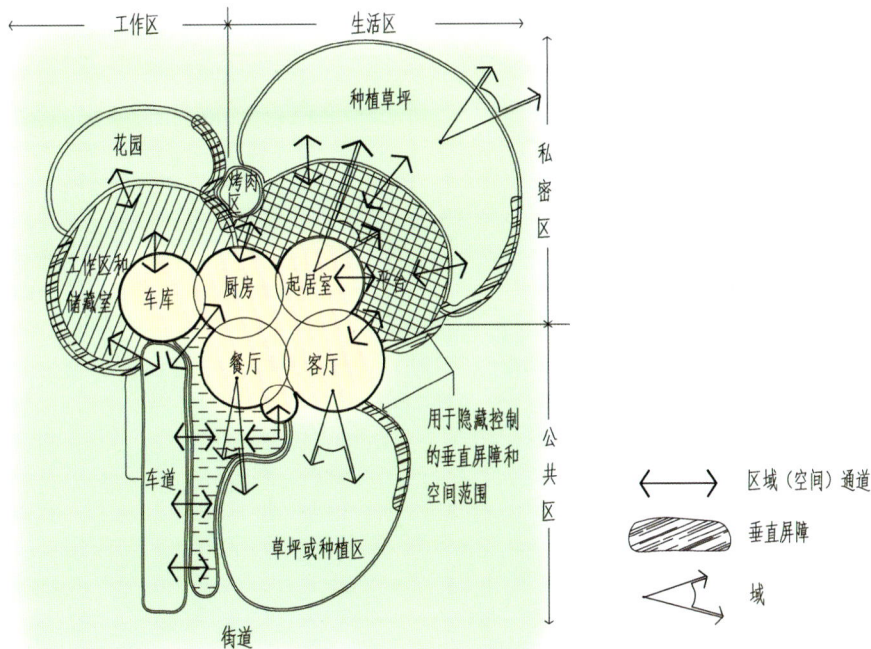

图 6-13　功能分区图

在功能分区图的基础上，根据园址资料和情况，设计主要功能空间的位置以及彼此的关系，并用园址功能关系图表示出来，使设计更具体化，更符合园址的实际情况。园址功能关系的具体梳理如图6-14所示。

最后将园址功能关系图演变为设计构想图。这个图表达了对园址功能关系的进一步细化，对设计内容的进一步明确。具体设计构思图如图6-15所示。

构思主要从以下几个方面进行，并得出了设计方向。

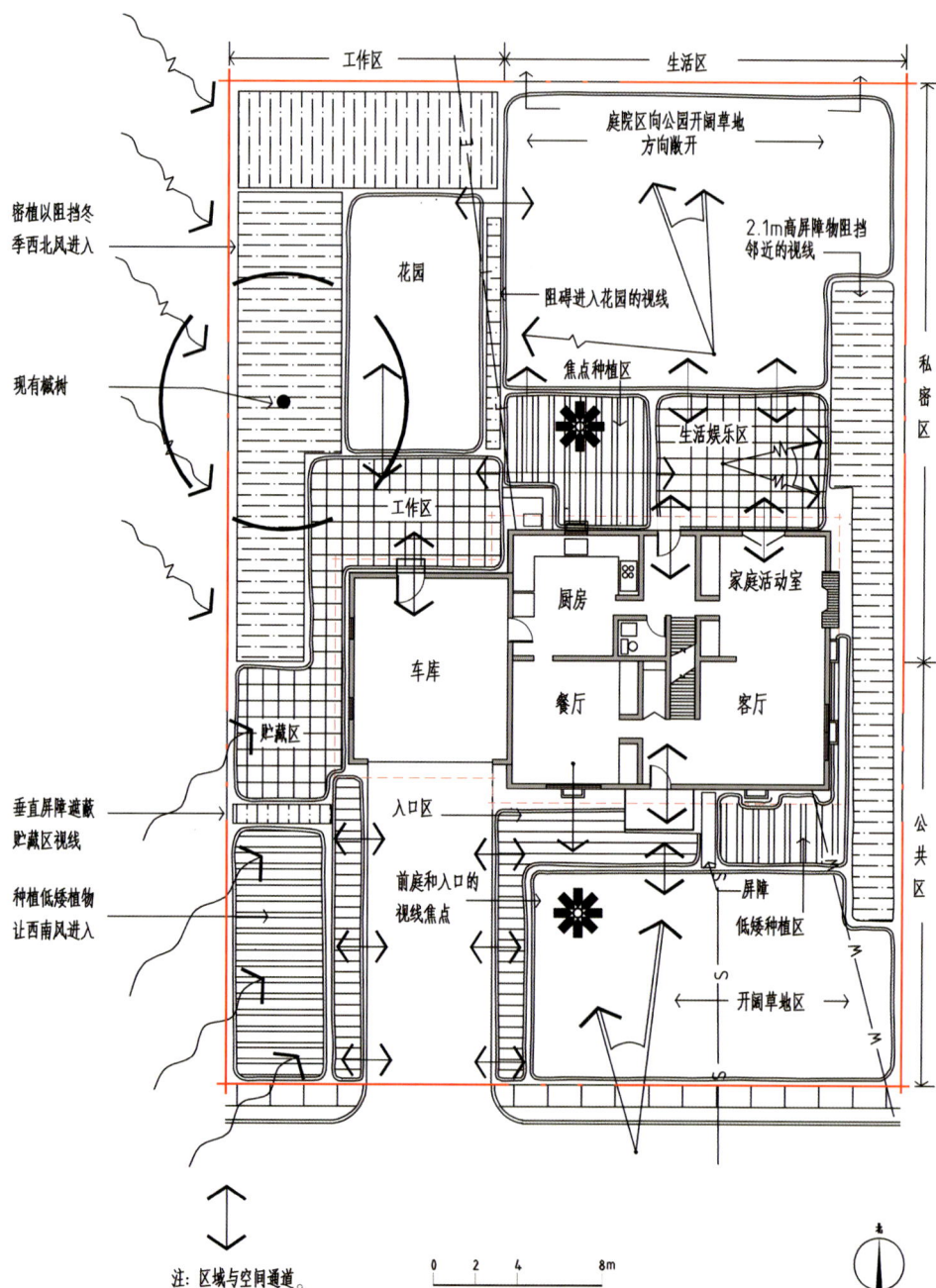

图 6-14　园址功能关系图

（1）自然条件

综合考虑庭院不同区域的自然风向，通过植物造景对夏季风加以引导，冬季风加以阻挡。

（2）外部环境

对庭院外部环境进行条件分析，"佳"则将视线引入庭院，"俗"则加以屏蔽。

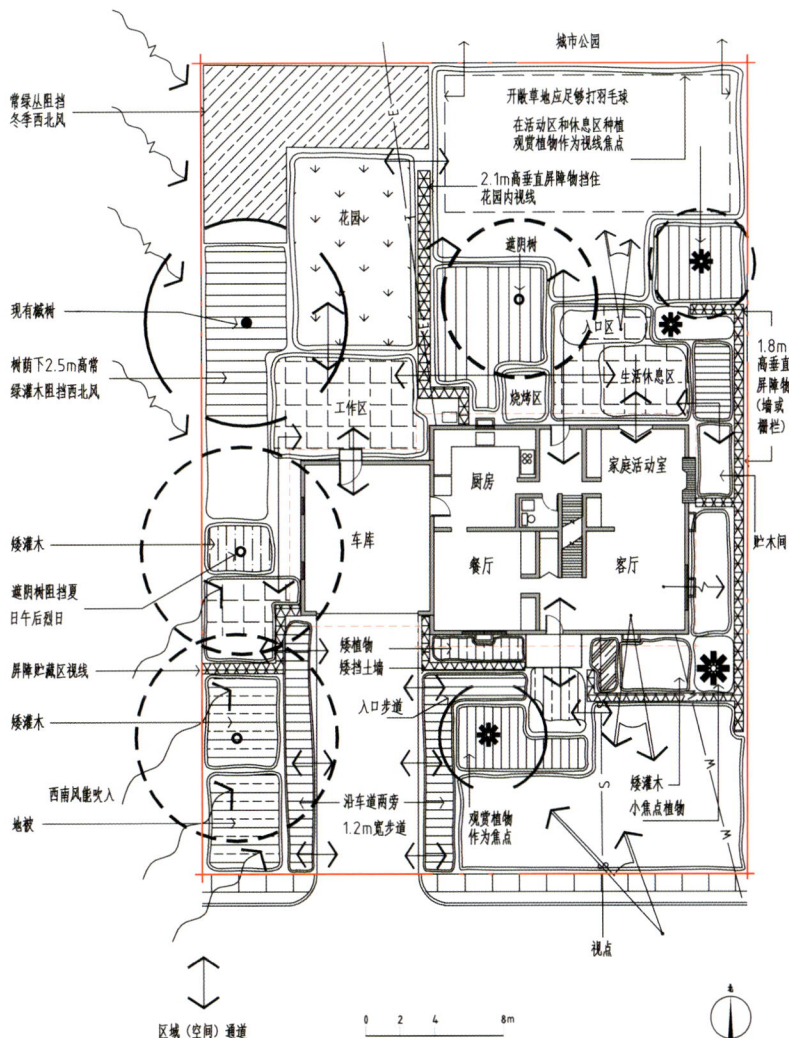

图 6-15 初步构想图

（3）内部庭院

①前庭院 考虑对外的形象，考虑入户的交通使用需求，考虑住宅建筑室内外的视线关系，同时考虑地下管网等设计限制。

②侧庭院 考虑现状植物的综合利用，并在满足使用功能的基础上，主要考虑通过植物景观营造，建立前庭院与后庭院的联系与互通。

③后庭院 考虑园主人大部分的功能需求，结合住宅室内功能分布，以最合理的布局建立与室内环境的紧密联系。几个功能区域之间通过植物造景进行过渡与联系，同时也考虑地下管网等设计限制。

3）设计形式与表达

（1）设计形式

到设计构思为止，主要处理的是实用性的要素，如比例、功能与位置。换句话说，只是解决了实用问题。在此之后，设计的重点就转入对造型的推敲，也就是设计形式。方案设计的形式会在一个主题下，有直线、曲线、弧线、圆形或者三角形的造型构图，这些设计的形状和造型，都可以从构想图中发展出所需要的形式。当然，必须选择一个造型设计主题（造型的式样），使它最适合设计要求。设计主题的选择，可根据园址的特点、尺度或园主人及设计师对园址的偏好而定。造型主题决定了整个设计空间的结构和顺序，是设计的骨架。

本庭院在设计形式推敲中，主要考虑了建筑与园址四周的视觉关系。建筑需要和环境相互协调，而园址是需要与建筑融为一体的，因此，在研究造型与构图时，设计主要延伸和强调了边界线，让建筑的墙、门或窗的边缘与周围环境相互协调。如入口处的造型，取得与建筑物的协调，设计使入口的边缘线与建筑墙和门窗的线形相协调，同时，建筑平面上的线条向外也延伸到了环境中去，使建筑与环境的线形统一。设计形式的推敲主要处理了设计中硬质结构（如道路、水池、种植池等）和草坪边缘线条的关系（图6-16）。植物景观方面只处理植物材料的外观形态，而不是植物的细部。

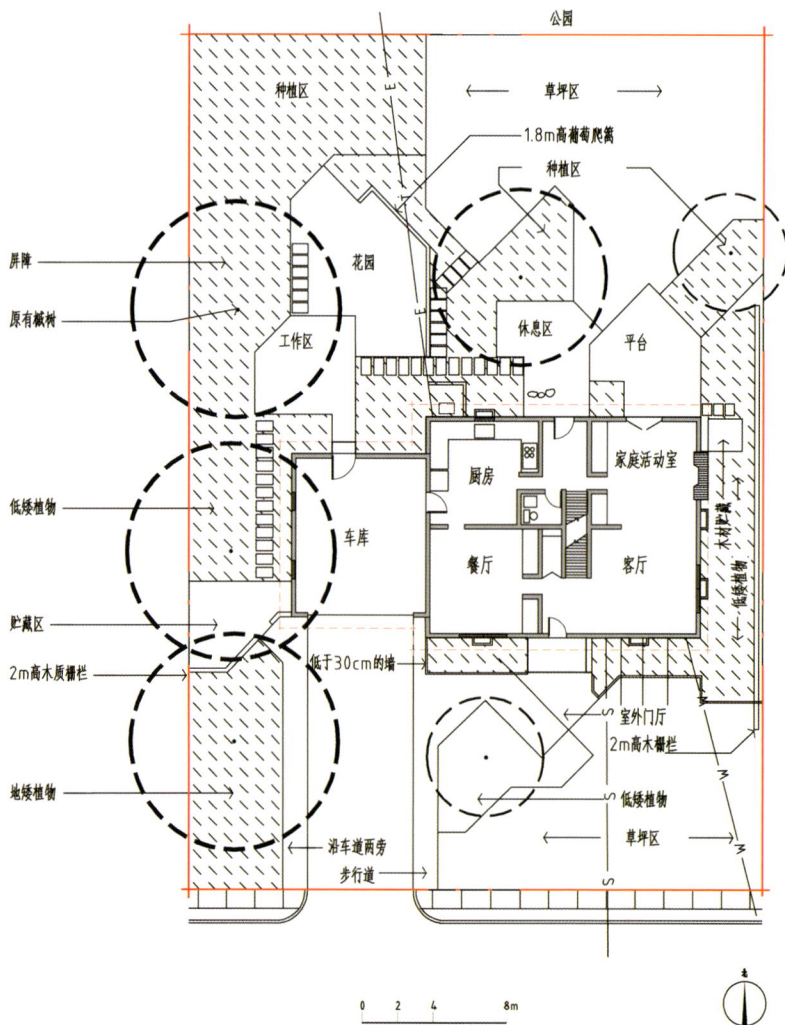

图 6-16 造型组合图

（2）设计表达

在进行正式的方案设计之前，可以进行方案的草图设计。

草图设计会对全部设计素材所使用的材料（木材、砖、石材等）、造型进行更为细致的表达。植物景观表现了植物成年后的尺寸、形态、色彩和质地。同时，设计的三维空间效果也在图纸中有所表达，包含每种元素的位置和高度，如树冠、凉棚、绿廊、绿篱、墙等。本庭院设计草图如图6-17所示。

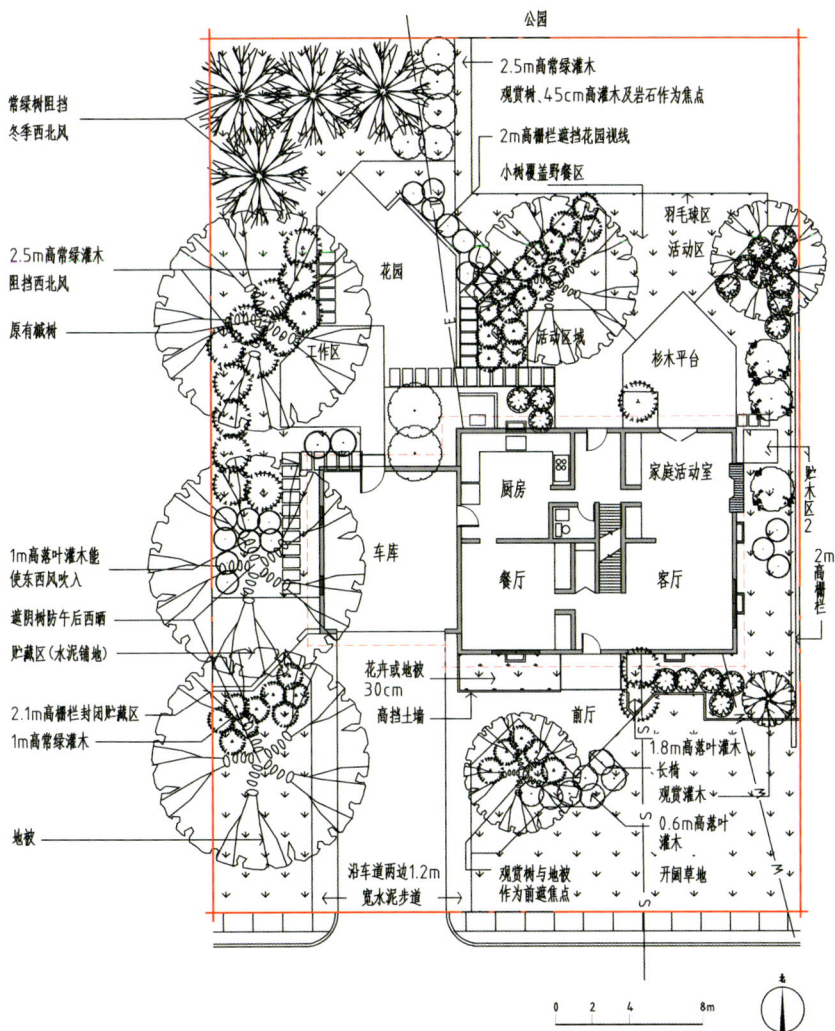

图6-17 设计草图

设计草图确定后，进行设计平面图、剖立面图和效果图的表达。

本方案的具体设计表达如图6-18至图6-20所示。

①植物造景设计 结合建筑的朝向，分析建筑的日照情况。南侧前花园以喜光植物为主，西侧采用乔木和地被组合的方式，既可以引导夏季风，又可以装饰建筑角落，与建筑形成良好的立面组合形式；东侧在建筑人行入户和车行入户之间，以春华秋实且具有寓意的树种进行点景；东侧围墙与建筑角落之间，点缀常绿开花乔木，形

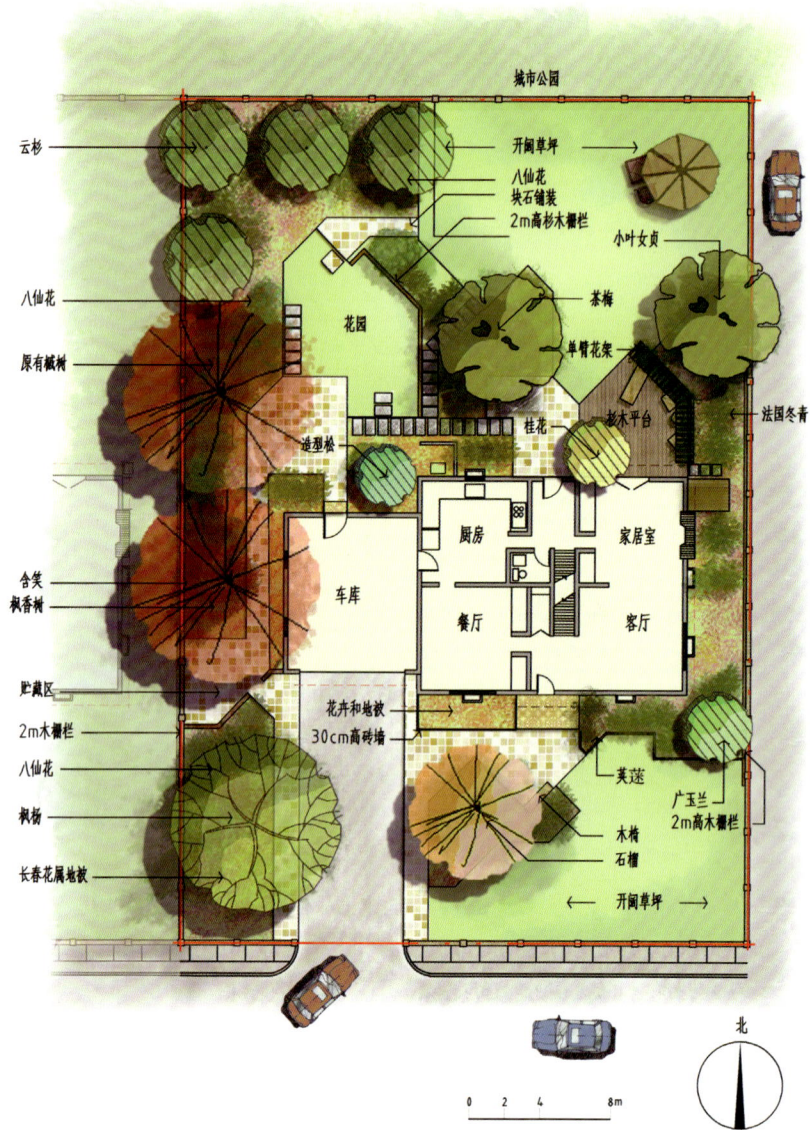

图 6-18　设计平面图

图 6-19　设计立面图

成室内观景的视觉焦点，其余建筑周边以地被、花卉点缀。

西侧花园增加落叶色叶乔木，与原有槭树组合，夏季形成树荫，遮蔽建筑，方便园主人的室外活动；东侧花园选取可修剪塑形植物形成绿篱，屏蔽外部车行的干扰。

北侧后花园以耐阴植物为主，结合不同功能区形成开合有致的植物景

图 6-20　设计效果图

观空间。靠近建筑边界，栽植造型植物和地被植物，与建筑室内形成良好的视线关系；西侧栽植常绿乔木阻挡冬季风，同时形成绿色的庭院边界，中部以花卉、地被植物围合绿地，满足园主人的园艺活动需求；东侧以开阔草坪为主，满足园主人球类、棋牌、户外烧烤等多样化活动的需求，于铺装和平台临界处，点缀开花灌木和常绿乔木作为空间的分隔与过渡。

整个庭院植物的选择，在色彩上结合了园主人的喜好进行组合搭配。

②铺地　前花园入户车行路选用嵌草铺装，人行路选用毛面花岗岩；西侧花园步道以及后花园步道选用透水砖进行花样组合铺设，既美观又生态；后花园室外平台选用杉木，凸显古朴的质感。

③小品　选用木栅格作为围墙，独臂花架也采用木质结构，与杉木平台形成统一风格。

2. 口袋公园设计案例解析

口袋公园也称袖珍公园，指规模很小的城市开放空间，常呈斑块状散落或"隐藏"在城市中，为当地居民服务。城市中的各种小型绿地、小公园、街心花园、社区小型运动场所等都是常见的口袋公园。口袋公园具有选址灵活、面积小、离散性分布的特点，它们见缝插针地出现在城市中，这对于高楼云集的城市而言，犹如沙漠中的绿洲，能够在一定程度上改变城市环境，同时能够部分解决高密度城市中心区人们对公园的需求，是践行公园城市的重要举措，也是城市微更新中的重要一环。

近几年，全国各地都在大力推进公园城市的建设，作为城市绿色基础设施，城市公园绿地已经由单一休闲场所向"公园+"方向转变，功能更强、品质更高、服务更惠民。城市中的口袋公园对于城市公园服务圈的建设发挥着重要的作用，它不但成为城市的"绿色客厅""文化担当"，而且可以让市民共享"绿色福利"，使得各个区域特色鲜明、充满活力。

口袋公园按照选址周边的客体环境可以分为居住型口袋公园、工作型口袋公园、交通型口袋公园、游憩型口袋公园、商业型口袋公园。不同类型的口袋公园有着不同的环境特点以及功能特性，在设计的时候要结合服务对象、客体环境确定功能、分区及空间占比，结合文化特征构筑公园主题。

以下对口袋公园"颐兰园"的设计进行解析。

1）设计任务解读

（1）设计背景

2009年，河南省巩义市被授予"国家园林城市"称号。2018年以来，巩义市严格按照郑州市创建国家生态园林城市目标，全面开展巩义市创建国家生态园林城市工作。随着公园城市发展理念的到来，巩义市在大力推进生态环境建设的基础上，提出了建设宜居宜业宜游城市的建设目标。借此愿景，巩义市依据城市建设发展需求，健全公园服务体系，优化绿地布局，大力提高绿地指标，提出了此次园林绿化项目。本次规划建设对全面建设巩义市区域中心城市、生态友好型城市，推动巩义和谐社会建设具有非常重要的作用。同时，口袋公园的建设，强化了绿地服务居民日常活动的功能，使市民能够推窗见绿，共享城市绿色福利。

（2）上位规划分析

规划建设"一带三廊多园"的网络化绿地系统。构建以"市级综合公园—社区公园—街头绿地"三级体系为重点、专类公园为补充的城市公园系统。"一带三廊"中的"一带"指伊洛河滨河绿带，"三廊"指后泉沟生态廊道、石河道生态廊道、西泗河—焦桐高速生态绿化廊道。"多园"指各类城市级公园、社区级公园及郊野公园。"颐兰园"口袋公园的建设便属于"多园"中的一员。

①项目概况　本案例位于巩义市紫荆路与香玉路西南角，设计宽度约70m，长约45m，设计面积3009m²。周边以居住用地和医疗卫生用地为主（图6-21）。

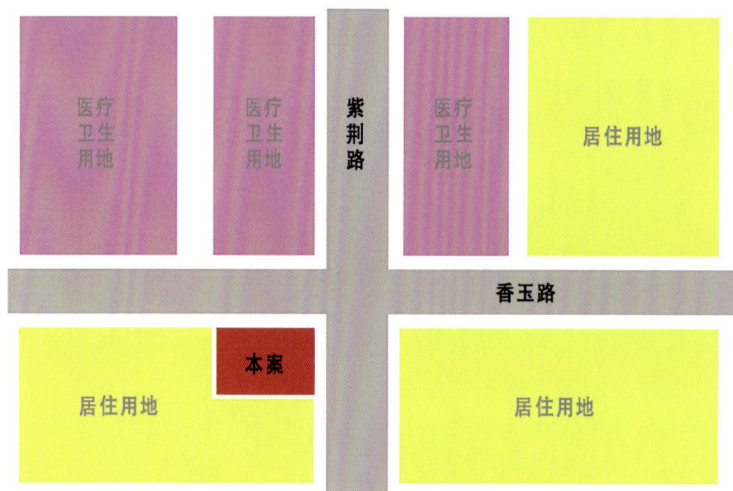

图 6-21　用地与周边环境图

②设计愿景
- 补充完善城市绿化系统，优化城乡绿地结构性布局。
- 完善绿地功能，构建城市生态园林网络。
- 凸显地域文化，彰显巩义历史风韵。
- 强调景观特色，打造别具一格的绿化景观。

2）设计立意与构思

（1）现状分析

巩义市内现有各类公园59处，其中在本次设计项目周边2km内有11处公园，其中1处综合公园、6处带状公园、4处街旁绿地，总面积约11.4hm²。由于市区内公园建园时间较早，所以公园植物种植形式较单一，设施较老旧。本案例的设计将延续老城区公园功能性强的优势，同时强化景观空间的塑造。

本设计方案，软质景观可丰富植物群落及林冠线，硬质景观可融入底蕴深厚的地域文化。

案例选址位于道路交叉口，是城市街景的一部分，其周边使用人群以居民为主，北侧的医疗卫生用地也会有部分人群使用。场地形状较为方正，内部较为平坦，适合建立集中的活动场所。场地北侧有高压廊道，因此，设计要考虑安全等问题；西侧和南侧均为居住用地，适宜通过植物造景进行环境的分隔与过渡；北侧和东侧紧邻城市干道，适宜建立城市街景。现状分析如图6-22所示。

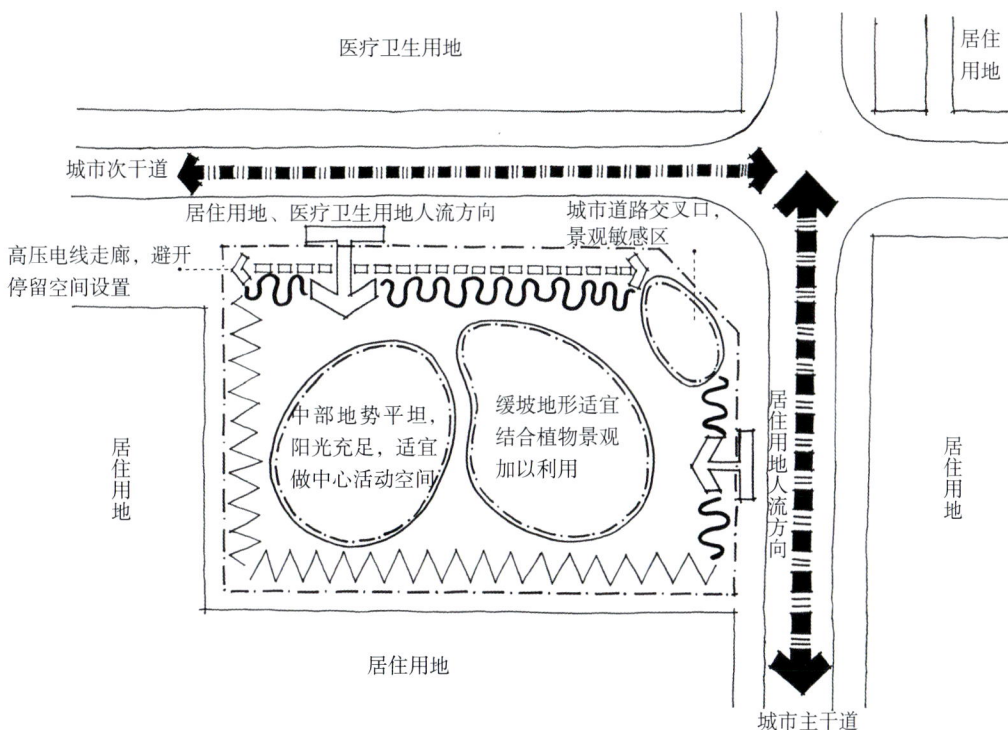

图 6-22 现状分析图

（2）设计理念

基于设计任务的解读和场地的科学分析，确定设计理念为"生态优先、城景交融、功能完善、景观再塑、文脉延续、和谐共生"。

（3）设计定位

考虑到周边的使用人群多为居民和医院人群，设计定位为"生态·开放·活力·康养"，使人与自然亲密结合，感受生命的脉动和活力。

（4）**设计构思**

结合设计定位，进行文化主题构思。公园以"颐兰园"命名。"颐"，为颐养之道。"兰"为玉兰花，有"玉雪霓裳""君子之姿"之意，它香气清新、淡雅、宜人，能给人以"点破银花玉雪香"的美感和"堆银积玉"的联想，盛花时节漫步于玉兰花道，可感受"花中取道、香阵弥漫"的愉悦。因此，通过"颐兰园"的设计，期望公园可以让人们通过对自然的感知，以自然疗愈身心，达到康体健身的目的。结合现状分析，具体的设计思路如图6-23所示。

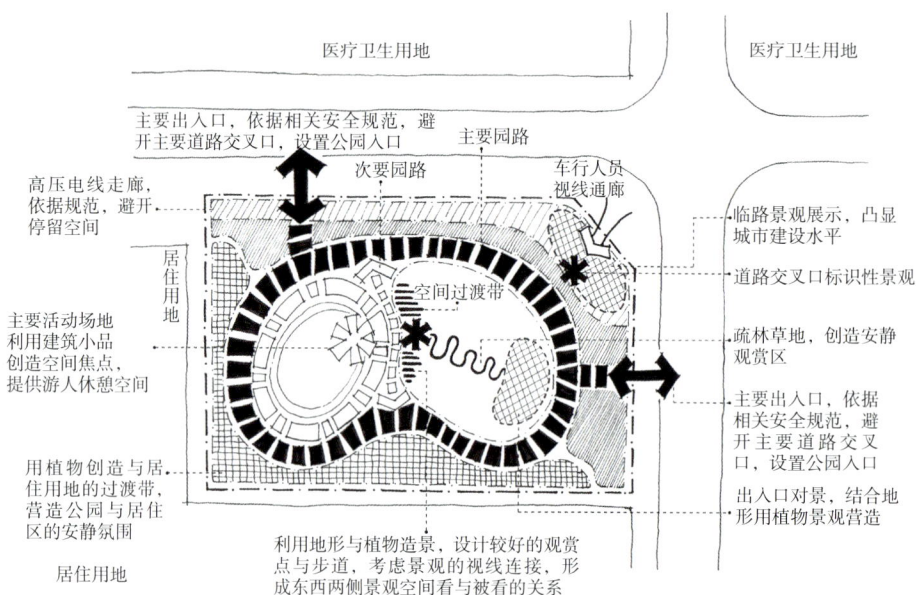

图6-23　设计构思图

3）设计形式与表达

（1）**设计形式**

结合设计立意与构思，以及场地的现状形态和周边的交通情况，从场地最大化利用的角度出发，对空间进行划分。空间的形式融入了中医的"阴阳协调"元素——阴阳说是中国古代人民创造的一种哲学思想，阴阳协调就是阴阳双方的消长转化保持协调，既不过分也不偏衰，保持着一种平衡的状态。

（2）**设计表达**

①总平面布局　结合"阴阳协调"元素，设计以曲线为主。曲线的形态打破了方形基地的规整与严肃，创造了富有节奏的律动空间。同时，曲线整合、划分和组织了空间，形成了绿林生态隔离区、核心景观活动区、街角和街景带状观赏区。3个区域紧密联系而又各具特色，与周围环境形成了统一的整体。同时，设计还运用了对景、框景的景观营造手法，利用重复、渐变等平面构成方式，梳理了地形、园路、绿岛、密林与市政道路的关系，形成了和谐的景观界面，并设置了阳光长廊和环形健身跑道，使整个公园成为一处生态、开放、有活力且兼具一定康养功能的城市绿地（图6-24）。

图 6-24　设计总平面图

　　②交通组织　主要活动空间以环形阳光长廊为骨架，为周边人群提供了一处遮阴避雨的场所。阳光长廊色彩缤纷，加上地面的橙色跑道，给人一种积极、阳光、健康的视觉感受（图6-25、图6-26）。

　　③竖向设计　梳理场地现状土方，结合海绵城市建设理念，增加植草沟、下凹式绿地等海绵设施（图6-27）。

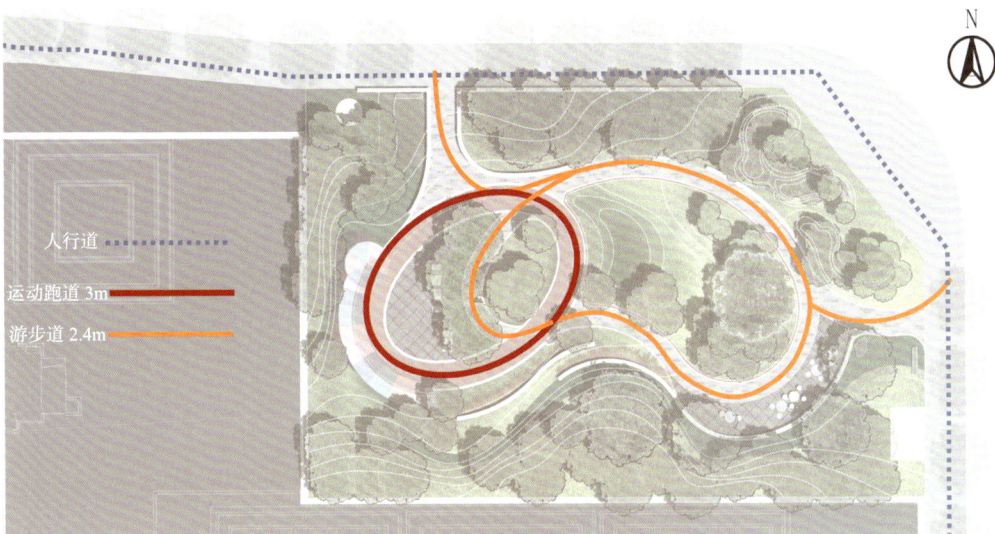

图 6-25　交通组织分析图

图 6-26　节点景观意向图

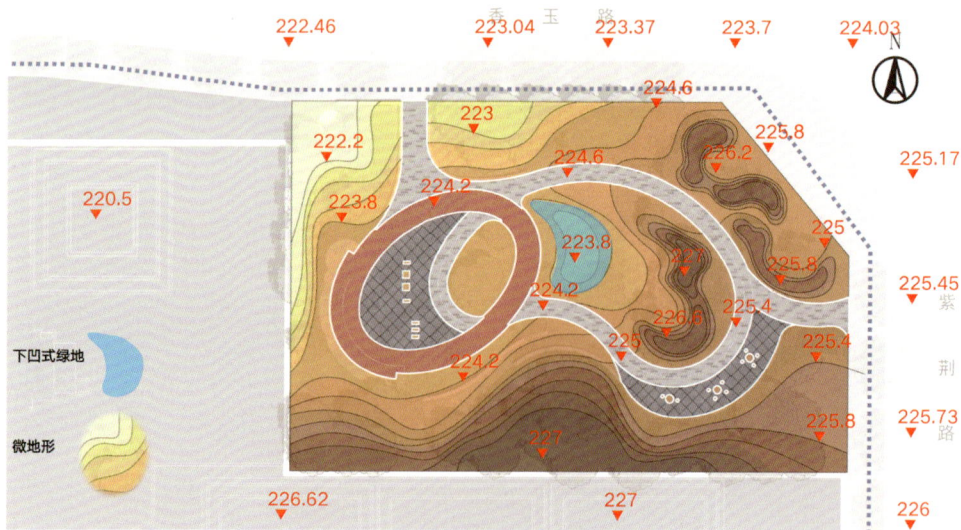

图 6-27　竖向设计图

　　④植物营造　结合前期相关分析，对场地绿化建设进行资金分配，从而确定植物空间组合和搭配。鉴于文化主题，确定了以玉兰类植物为主题的植物造景特色，同时搭配高大常绿乔木雪松以及落叶乔木绒毛白蜡形成空间的骨架，而地被植物在地形的变化中也呈现了多彩的姿态（图6-28）。

　　⑤设施布局　依据场地占地面积以及不同设施的服务半径，设置了一个成品公厕、一套标识系统（入口标识、景点标识）、一组休闲座凳等配套设施，满足场地使用功能需求（图6-29）。

树种选择	
广场树	天津绒毛白蜡
特色树种	玉兰
骨干树	雪松
基调树种	红玉兰、广玉兰
选用树种	二乔玉兰、红玉兰、广玉兰、红叶石楠、石楠、法桐
地被	草坪、红叶石楠、大叶黄杨

开敞区 半开敞区

精品景观界面 密林区

图 6-28　植物规划构思图

图 6-29　设施布局图

任务实施

1. 口袋公园调查与分析

1）接收任务，理解调查目的和内容

（1）调查目的

选取某口袋公园为对象进行调查与分析。通过调查，了解园林绿地的基本内容和

功能，掌握在建筑形式、造园布局、功能与景区分区、植物选择等方面的地方特色，以及园林空间的基本尺度和园林设计的各种物质要素。同时在调查研究的基础上，进一步深化直观感受，对园林设计的本质和内容进行比较深刻的理解，从而有利于掌握园林设计的方法。

（2）调查内容

选取城市最为熟悉的口袋公园进行调查。

①调查该绿地的区位、占地规模、周边环境等综合内容。

②调查该绿地的空间划分与布局——交通组织、功能分区等。

③调查该绿地环境中各种园林要素的布置效果——建筑、植物、地形、水体、铺装及小品等。

④通过问卷调查，对该绿地环境的使用情况进行调查分析。

⑤对该绿地园林设计的现状进行综合评价并提出可行性建议。

（3）调查成果及具体要求

①问卷调查　通过问卷形式调查口袋公园的园林景观现状、市民的认可情况和意见建议等信息，再对结果进行分析。

②调研报告　通过分析问卷调查的结果，以小组为单位撰写3000字以上的调研报告并附图，每张照片需要有单独的说明（含优缺点与整改建议），要求用A4纸打印。

③电子文档　以小组为单位提交JPG格式的"口袋公园园林景观分析图"，图中包括功能分区、景点布局、节点景观要素相互关系等。

电子文档以组为单位编号命名，调研报告中需写明组员学号与姓名。

2）分组调查与分析

①3~5人为一组，选取城市某口袋公园，收集调研地点的相关资料。资料内容主要包括公园的介绍性文字、图片，尤其要对总平面图及设计理念有透彻的了解，并熟悉相关的背景知识，完成表6-15。

表 6-15　任务分工

小组名称		园林设计图纸名称		负责人	
任务分工		成员		任务	

②结合调查内容，分组进行现场调研。调研时采用问卷调查、拍照、测绘等手段获取场地资料。

③小组内部讨论，对场地进行设计分析，并分工协作完成相关分析图。

④整理调查分析成果，进行PPT制作。

3）提交成果、分组汇报

①提交问卷样卷1份、问卷分析表1份、调研报告1份；JPG格式的"口袋公园园林景观分析图"1份（加封面装订成册）。问卷每组不少于15份，单独装订。

以上内容均须提交电子文档，以组为单位整理成电子文件夹。

②分组进行汇报，汇报时间控制在15分钟以内。要求对调查的过程、分析及讨论结果进行简明扼要的阐述，对重点分析的内容进行详细论述。

2. 10m×10m园林绿地设计

1）接收任务书

（1）任务

拟定选取某校园中心绿地，进行10m×10m的园林绿地设计。

（2）设计要求

绿地率≥30%，实现三季有花、四季有景。

（3）图纸内容

①总平面设计图（比例为1∶50）。

②构思表达图，主要表达创意，或在场地理解分析基础上，方案的产生过程。

③功能分区示意图，交通分析示意图。

④局部效果图2张，注意表达局部空间的效果。

⑤主要方向景观剖面图2张（1∶100）。

⑥总体鸟瞰图1张。如已绘鸟瞰图，可只绘1张局部效果图。

⑦文字说明200字（在图纸上）。

（4）图纸及表现要求

①图纸尺寸为A2。

②采用针管笔+马克笔（彩铅）的形式进行表现。

2）空间环境分析

（1）场地外部环境

分析周边的建筑、道路、绿地等与场地的物质环境关系以及交通关系。

（2）场地内部条件

分析场地内部的现状高程、植被、建筑小品等使用情况。

（3）主要使用人群

分析校园主要使用人群的行为习惯及情感需求。

3）确定主题立意及构思

①收集校园文化娱乐空间的园林景观素材，分析并学习素材的主题与立意。

②在设计场地空间环境分析的基础上，确定本次设计的主题立意。

③根据主题立意，结合园林要素，进行设计构思。设计要满足使用人群的需要和

交通便捷，反映管理要求，考虑自然美和环境效益，考虑如何进行场地的功能划分和景点设立，考虑如何把主题立意具体化。

4）进行平面布局

在构思的基础上，进行设计草图绘制，然后通过反复推敲，确定平面布局。

5）进行立面设计

结合平面布局，选取两个主要方向，进行立面形象的推敲。

6）进行效果图表达

选取主要景点或者整体布局，运用绘图知识与技能进行效果图或鸟瞰图的绘制。

7）图纸排版及绘制

整合设计思路和图纸，进行图纸排版及绘制。排版要重点突出，层次分明。

8）提炼设计说明

从方案的构思特点，以及园林绿地的空间处理、布局功能以及局部重要景点的设计细节等方面进行说明。

🍃 考核评价

姓名		任务内容	园林方案设计							
序号	考核项目	考核内容	等级				分值			
			A	B	C	D	A	B	C	D
1	内容过程	态度认真，积极主动，过程思路清晰，任务实施严谨仔细	好	较好	一般	较差	30	24	18	15
2	学习成果	调研选取案例具有典型性，调查与分析全面且深入；绿地设计科学、合理，图纸表达准确、清晰	好	较好	一般	较差	20	16	12	10
3	协作能力	分工明确、沟通协作能力强，具有良好的团队合作意识	好	较好	一般	较差	15	12	9	7
4	创新能力	思维方式、方法富有创造性，整体设计有创意	好	较好	一般	较差	10	8	6	5
5	综合能力	秉承严谨求实的作风，采用科学的方法，发扬工匠精神、创新精神	好	较好	一般	较差	25	20	15	13
合计得分										

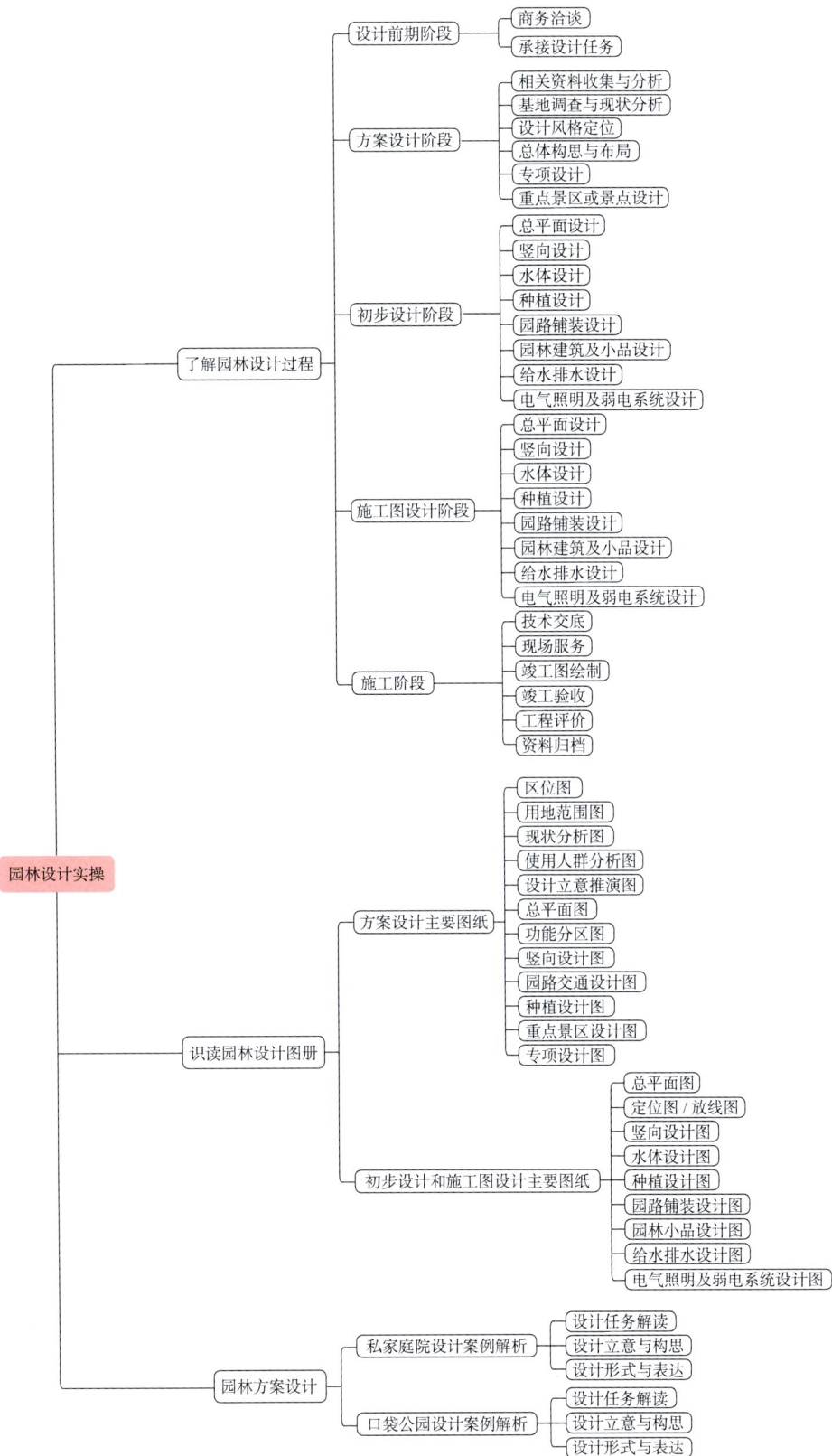

小　结

园林设计实操
- 了解园林设计过程
  - 设计前期阶段
    - 商务洽谈
    - 承接设计任务
  - 方案设计阶段
    - 相关资料收集与分析
    - 基地调查与现状分析
    - 设计风格定位
    - 总体构思与布局
    - 专项设计
    - 重点景区或景点设计
  - 初步设计阶段
    - 总平面设计
    - 竖向设计
    - 水体设计
    - 种植设计
    - 园路铺装设计
    - 园林建筑及小品设计
    - 给水排水设计
    - 电气照明及弱电系统设计
  - 施工图设计阶段
    - 总平面设计
    - 竖向设计
    - 水体设计
    - 种植设计
    - 园路铺装设计
    - 园林建筑及小品设计
    - 给水排水设计
    - 电气照明及弱电系统设计
  - 施工阶段
    - 技术交底
    - 现场服务
    - 竣工图绘制
    - 竣工验收
    - 工程评价
    - 资料归档
- 识读园林设计图册
  - 方案设计主要图纸
    - 区位图
    - 用地范围图
    - 现状分析图
    - 使用人群分析图
    - 设计立意推演图
    - 总平面图
    - 功能分区图
    - 竖向设计图
    - 园路交通设计图
    - 种植设计图
    - 重点景区设计图
    - 专项设计图
  - 初步设计和施工图设计主要图纸
    - 总平面图
    - 定位图/放线图
    - 竖向设计图
    - 水体设计图
    - 种植设计图
    - 园路铺装设计图
    - 园林小品设计图
    - 给水排水设计图
    - 电气照明及弱电系统设计图
- 园林方案设计
  - 私家庭院设计案例解析
    - 设计任务解读
    - 设计立意与构思
    - 设计形式与表达
  - 口袋公园设计案例解析
    - 设计任务解读
    - 设计立意与构思
    - 设计形式与表达

参考文献

毕辉，2006.园林中景点品名赏析[J].广东技术师范学院学报（6）：128-130.

朝仓直巳，2019.艺术·设计的平面构成[M].南京：江苏科学技术出版社.

谷康，付喜娥，2010.园林制图与识图[M].南京：东南大学出版社.

谷康，李晓颖，朱春艳，2003.园林设计初步[M].南京：东南大学出版社.

过元炯，1995.园林艺术[M].北京：中国农业出版社.

黄毅，吴化雨，2020.构成设计基础[M].北京：中国轻工业出版社.

计成，2017.园冶注释[M].陈植，注释.北京：中国建筑工业出版社.

计成，2017.园冶[M].倪泰，译.重庆：重庆出版社.

金学智，2007.中国园林美学[M].北京：中国建筑工业出版社.

李俊霞，2004.建筑的比例和尺度[D].南京：东南大学.

李炜民，2012.中国风景园林学科发展相关问题的思考[J].中国园林（10）：50-52.

李炜民，张同升，2022.中国风景园林学科发展演变相关问题探讨[J].城市规划（3）：74-80.

李铮生，金云峰，2019.城市园林绿地规划设计原理[M].3版.北京：中国建筑工业出版社.

刘磊，2015.园林设计初步[M].重庆：重庆大学出版社.

刘晓明，薛晓飞，谢明洋，2019.风景园林设计初步[M].北京：中国建筑工业出版社.

刘行光，李亮，2021.园林[M].重庆：西南师范大学出版社.

吕杰，2018.城市小尺度空间的认知与景观营造探析[D].呼和浩特：内蒙古农业大学.

诺曼·K.布思，1989.风景园林设计要素[M].曹礼昆，曹德鲲，译.北京：中国林业出版社.

彭一刚，1986.中国古典园林分析[M].北京：中国建筑工业出版社.

彭远长，2015.浅析园林设计与空间的结合[J].科学咨询（科技·管理）（6）：89-90.

塞布丽娜·维尔克，2014.景观手绘技法[M].宋丹丹，张晨，等译.沈阳：辽宁科学技术出版社.

汤晓敏，王云，2013.景观艺术学——景观要素与艺术原理[M].上海：上海交通大学出版社.

汤洲，罗来文，2009.艺术设计初步[M].沈阳：辽宁科学技术出版社.

唐学山，1997.园林设计[M].北京：中国林业出版社.

田治国，2015.园林设计初步[M].苏州：苏州大学出版社.

王其钧，2011.中国园林[M].北京：中国电力出版社.

王晓俊，2009.风景园林设计[M].3版.南京：江苏科学技术出版社.

吴雪花，2014.桂林市公园园林建筑调查与分析[D].南宁：广西大学.

晏斯宇，赵泽浩，2021.世界经济全球化环境下设计师的社会责任[J].营销界（21）：197-198.

杨赉丽，2019.城市园林绿地规划[M].5版.北京：中国林业出版社.

杨锐，钟乐，赵智聪，2021.在大变局中研发风景园林学的新引擎[J].中国园林（11）：14-17.

杨辛，甘霖，2021.美学原理[M].4版.北京：北京大学出版社.

叶郎，2021.美学原理[M].北京：北京大学出版社.

尤西林，2021.美学原理[M].2版.北京：高等教育出版社.

余树勋，2006.园林美与园林艺术[M].北京：中国建筑工业出版社.

喻小飞，2020.设计构成[M].北京：人民邮电出版社.

赵书彬，2008.中外园林史[M].北京：机械工业出版社.

周初梅，2010.园林规划设计[M].重庆：重庆大学出版社.

周维权，2007.中国古典园林史[M].2版.北京：清华大学出版社.

朱黎青，2016.风景园林设计初步[M].上海：上海交通大学出版社.

宗白华，2017.美学散步[M].上海：上海人民出版社.